牧羊妮————著

# Notion
# 人生管理術

...

## 從0開始
## 打造專屬自己的
## All in One高效數位系統

# 推薦序

　　如果你問資深的 Notion 使用者「Notion 是什麼？」，每個人會給你不同的答案。

　　Notion 可能是一位學生的筆記簿、日程表和研究資料庫。可能用來記錄生活，蒐集菜譜或是讀過的網站和書籍。或是一名主管，在團隊協作中，用來搭建專屬於其團隊的企業文化手冊、產品需求文檔、專案管理和會議記錄系統……一切資訊和常用軟體皆可融一起，並按照自己的喜好進行整理。

　　Notion 可以像白紙一樣簡單，新增一個空白頁，開始書寫。Notion 也可以運轉大型團隊的多人遠程工作和複雜工作流。那麼，Notion 究竟是什麼？

　　對我來說，Notion 是幾個簡單軟體概念的包裝與整合。利用這些基礎軟體概念，使用者可以搭建出最適合他們的資訊處理系統。作為 Notion 的設計者，我希望任何人和團隊都可以創造屬於自己的工具，在這靈活的工具背後，是一套最純粹且最靈活的軟體概念。任何人都可以用 Notion 做更多的事，同

時慢慢理解 Notion 背後的軟體概念，最終自訂和創造屬於自己的軟體。它就像一個無限的概念畫布，給使用者足夠的想像空間，和使用者一起成長。

　　和大多數生產力軟體不同，大多數軟體只能用於一種特定用途、只有固定的資料結構、只有來自傳統媒介的固定視圖（如頁、表）。這導致現有生產力軟體過少或過多滿足每個人不同的需求，總是多些或少些什麼。同類別的簡單軟體中沒有辦法訂製，複雜軟體卻過於複雜。同時，這些軟體會將資料鎖在該服務或文檔之中。資訊間沒有共同載體，無法建立關聯、分享、轉化 其他格式，延伸並自訂工作流程。放在多人協作場合，更多的「效率工具」卻讓跨團隊協作更加困難。

　　在 Notion 中，每條資訊（我們稱它為「塊（Block）」）可以按照自己的喜好重新排列組合、轉化型態、與其他資訊關聯、不同的視圖中展示……只要掌握「塊」和「視圖」，就可以搭建許多常見的軟體。當然，一切都可以從一張白紙，一頁筆記開始。

　　這本書會在開始探尋 Notion 的基本概念和用途的路上，給你一些小撇步和靈感。從一張白紙開始，搭建可以容納生活、工作、完全屬於自己的工具。讓我們開始吧！


Notion 產品和設計領隊 Ryo Lu

# 這不只是一本 Notion 工具書

你內心深處有股渴望——不，還是稱它為幻想吧——希望有種「工具」，能幫助你輕鬆管理計畫、解放壓力，把握最舒適的生活平衡。在工作上充滿選擇權，而不是等著被選擇。對生活保持熱情，能一步步從計畫到夢想，成為那個連自己都會愛上的人。

很幸運的，你正翻開一本為此而寫的書。

在這本書中，你會學到要如何使用 Notion，這個全球討論度最高、也最全方位的數位工具，來管理工作與生活。不論你現在是公司經營者、員工、家庭主婦、或學生，都能輕鬆利用書中策略，重新找回內在熱情，讓人生過得更有意義。

某天，你正在觀看擁有 230 萬訂閱者的 YouTuber——法蘭克（Thomas Frank）的高效學習影片。也想要創立自媒體的你，驚訝地發現，他能持續產出這麼多好口碑的作品，竟然全都是靠 Notion 來管理。不管是 YouTube、Podcast，或是出書的內容發想、撰寫、到行銷等所有流程，一切都是在 Notion 裡進行。

再隔一個禮拜，你剛到 Adobe 產品部門報到。看到產品總監史考特（Scott Belsky），縝密地利用 Notion，規劃公司未來產品方向與開發進度。他還習慣將腦中的創意點子，通通輸入進 Notion 中，然後再有效串聯不同想法，不斷推出下一波令人驚嘆的創新。旁邊的同事，也熱切跟你分享著，Notion 是如何協助自己解決旅行中的瑣碎事項，完美安排一趟剛結束的家庭旅遊，盡情享受與家人相處的美好時光。

現在看起來，統合生活與科技，打造專屬的高效數位系統，對你來說也許不再是幻想。只要學會了 Notion，就有可能實現。

到目前為止聽起來都很好，但還是有一個問題。「數位工具」或是「數位系統」，聽起來好複雜。我每天都已經夠累了，真的有辦法學會嗎？

這你完全不用擔心。身為品牌電商的共同創辦人，我最擅長用平易的文字，來說明困難內容。因為，這樣才能成功讓顧客買單啊！

我是專業 Notion 教練，經營知名 Notion 部落格，也為企業和政府部門上過多堂 Notion 課程，所以知道，要如何以最輕鬆有效的方式，幫助你快速上手 Notion。我輔導過無數學生，親眼見證到他們是如何利用書中方法，讓生活變得更有效率，重新點燃起人生火花。同時，我也從這些教學經驗了解到，在學習一件新事物時，只要有一點徬徨無助，動機消沉，或找不到時間等原因，都可以輕易打斷你繼續下去。而且我也願意承認，即使是我本人，也都必須克服這些學習障礙。

本書匯集了所有教學精華和體悟。由淺入深的編排方式，不管你是從 0 開始，手把手地學習 Notion 基本功能、或是想深度運用 Notion，讓生活過得更精彩，都能在這裡挖到寶藏。

如果你熱切的想知道，Notion 能如何為自己開啟一頁人生新篇章，強烈建議你立刻開始。

讓我們一起動手吧！

# PART ① All in One 的人生管理工具

CONTENTS

## PART **3**
## Notion 夢想家

PART

1

All in One 的人生管理工具

# Notion 是什麼？

　　那晚，我一個人坐在辦公室裡，潰堤了。

　　正值電商網站準備上線的前一週，官網系統、倉儲物流、行銷規劃 ……，每個專案都以龍捲風般的速度與混亂程度持續前進中。該死！我總是很自豪的記憶力在這時出了個大錯，漏掉一件關鍵小事，導致整個網站必須延後上線。這讓原本前景看好的職涯發展，突然狠狠地撞上一道無預警的玻璃牆。

　　坐在一盞微弱的燈光下，我翻遍桌上和電腦中的所有文件，但就是找不著當時的筆記。「啪」的一聲巨響，整疊的待辦事項清單，以一個完美的弧形掉落在地上，好似取笑我永遠做不完一般。長嘆了一口氣，我呆望著放在桌前布滿灰塵的相框，裡邊寫著年初熱血計畫的人生夢想，無奈卻一直沒時間關注。我的生活就像老鼠在滾輪裡面跑一樣，每天都過得很忙，但卻又不知道在忙什麼，總是在原地踏步。

　　有沒有什麼方式，能簡單且有效地解決這失控的生活？

# 從計畫到夢想，輕鬆生活不失控的高效系統

　　Notion，是我找回人生主導權的處方箋！ 服用了它之後，工作變得井然有序，效率大幅提升。個人生活不再是工作之後的附屬品，而是真的能做點自己喜歡的事情，擁有從容優雅的權利。可惜，當時在創立集團亞太區表現最亮眼的電商時，並沒有 Notion，僅能湊合多款軟體來管理部門。若能早點遇見它，也許，那時就不會這麼煎熬了。

　　Notion，是時下最流行的雲端生產力軟體，全球擁有超過 2,000 萬用戶，預估市值達 100 億美元（約 2,800 億新台幣），是近年來最受矚目的科技獨角獸之一。它整合了筆記、專案管理、旅遊規劃、個人效率系統……等功能，讓你能輕鬆把工作與生活整合起來。

- 如果你有寫筆記的需求，你就適合 Notion ！ Notion 是一本有無限頁面的筆記本，搭配清楚的階層分類方式，支援快速搜尋功能，再也不用煩惱找不到筆記的問題，是學習與思考的最好夥伴。

- 如果你喜歡雲端作業的即時性，Notion 會是你的好選擇！只要擁有一個 Notion 帳號，便能隨時隨地在電腦、平板和手機間跨裝置使用，多人共同編輯更不是問題，有效幫助你增加團隊工作的順暢性，提升公司整體工作效率。從個人、團體、企業都有適合的使用方案。

- 如果你正在使用多款效率或管理軟體，為如何整合資料而苦惱，那你絕對要用用看 Notion ！ Notion 的使用彈性與客製化程度相當高，除了基本的文書編輯功能外，還有行事曆、看板、時間軸……等視覺化工具，也能與其他軟體串接並自動更新，幫你建立專屬的人生管理系統。

我是一個數位效率控，嘗試過百款以上的筆記、效率、和管理軟體。但使用了 Notion 之後，我便立刻停用手上所有的生產力軟體，就像是情場浪子遇到了真愛一般，恨不得快點把所有東西都搬進去一起定居。朋友還笑我說，如果哪天結婚生小孩了，我對 Notion 的愛，應該會比對孩子的愛還多。

　　我透過 Notion 打造一套 All in One 的人生管理系統。這套系統幫助我在職場上取得更好的成績，從經營品牌電商到數位成長顧問，輔助我管理 20 個每月付費超過 15 萬的一線品牌客戶，斜槓經營知名 Notion 部落格。生活也脫離了老鼠迴圈，重新找回身心靈的平衡，再次擁有作夢的能力。

　　即使你對數位軟體不熟悉也沒關係，使用 Notion 的目的，是幫助我們善用二大最寶貴的資源：時間和精力。如果你對這點沒有疑慮的話，那我在此衷心邀請你加入 Notion 的行列，與我一同享受 Notion 所帶來的美好！

# Notion 學習地圖

　　你迫不及待的打開 Notion，左右轉了一圈脖子，前後扭動肩膀，深吸一口氣，接著坐下。放在鍵盤上的手指，在你發現之前，已流暢地在 Notion 頁面打下 500 字的筆記。看起來挺順利的！是該來杯咖啡，慶祝一下。

　　「我要放棄 Notion 了！」一個小時之後，你沮喪地對著螢幕大吼：「大家都強力推薦 Notion 很好用。介面全都是英文就算了，功能多又複雜，學都學不完。重點是，我到現在根本不知道它能用在哪啊！」

　　發生了什麼事？為什麼 Notion 的學習障礙這麼高？老實說，你不是第一個有這種感覺的人，也不會是最後一個。在我眾多的學生中，73% 的人都經歷過一樣的情境。這不是因為 Notion 特別複雜，而是你用錯學習方法。

　　自己看地圖是一回事，但若有人為你引路，那就完全是另一回事。如果你是 Notion 的門外漢，才剛要開始接觸，那

你一定要先閱讀這個章節。我會誠心地跟你分享我在學習 Notion 時所犯下的錯誤，要是當時有人提點我，絕對能少走許多冤枉路。若你已經使用 Notion 一段期間，我將於本章結尾提供捷徑，告訴你 Notion 的進階內容，打造出自己的人生管理系統。

## 如果你是十足的初學者

與其決定要做什麼，不如決定「不去做」的事，這樣才能讓方向更為明確，因為剩下要做的事，就全部都是對的事了。在深入分析諸多學生與自己的學習經驗後，歸結出以下三大 Notion 新手常犯的錯誤：

### 錯誤 1：沒想過自己為何而用

若沒有明確的學習動機，腦袋裡就會有各種胡言亂語，拖住你前進的大腿。因此，在使用之前，一定要先把你的目的完整設想過一遍：

- 我想用 Notion 的原因是什麼？
- 我想要用 Notion 來做什麼事情？解決什麼問題？

想得越清楚，你就能把 Notion 用得越透徹，也更有力氣對抗半途而廢的學習大魔王。

## 錯誤 2：到處尋找 Notion 模板

許多人懶得自己從零開始，因此喜歡到處尋覓漂亮的 Notion 模板來套用。但隨便找來的模板，就像在感冒時，隨手拿起別人的藥就吃，卻沒問過這是用來治療什麼的。運氣好，能減緩你的症狀，但無法根治。若運氣不好，可能會引發強力的併發症，讓生活越過越混亂。

模板可以拓展我們的視野，吸取別人解決問題的精華。但唯有先知道自己的問題，依據需求親手設計，對症下藥才是良藥。

## 錯誤 3：馬上鑽研所有技巧

Notion 的功能眾多，也時常更新，實在很難有學完的一天。因此，優先根據你的需求設定學習方向，這樣才不會迷失於錯綜複雜的技巧中。

還記得我剛開始學 Notion 時，硬是要模仿別人建立出絢麗的筆記系統，卻忘記自己使用 Notion 的目的，只是想先培養寫筆記的習慣。結果，我花了整整一小時畫格子，最後卻只用一分鐘寫筆記。這不是因為我找到傳說中的神奇筆記法，而是當我把所有精力都耗在鑽研格子的技巧上，筆記也就只能草草結束。這種本末倒置的作法，最後當然沒幫助我養成寫筆記的好習慣。

在學習 Notion 的過程中，抱持著一顆好奇的心，邊學邊做，持續應用在生活裡，或協助你的事業更上層樓。這樣，學 Notion 就感覺像是騎在順著下坡滑行的腳踏車上，而不是猛踩踏板的上坡。但切記，要小心避開路上三個錯誤大坑洞，以免摔到骨折而放棄。

# 如果你才剛起步，你會需要這些工具

你有蓋房子的經驗嗎？如果沒有，那就太好了！因為我可以亂說。學習 Notion 的過程，就像是在蓋一棟房子。蓋房子的第一步，是要思考你的使用需求。這個步驟有多大的幫助，不管強調幾次都不夠，因為只有你知道，什麼樣的房子最適合自己。你可以選擇蓋套房，規模雖小，但樣樣齊全，管理起來無負擔，是 Notion 入門者的首選。你也可以選擇蓋豪宅，擁有一整套環環相扣的 Notion 智能系統，不過初期投入成本很高，維護也不容易。套房跟豪宅沒有哪邊比較好，只要適合現在的你，就是最好的。

蓋房子的第二步，就是要準備好工具。在本書的「Part 2：實戰篇」中，我會交給你許多蓋房子的材料和技術。當你學會這些基本的 Notion 操作技巧後，就像是擁有源源不絕的釘子、鐵鎚、和木板。你可以透過每章節的應用練習，不斷磨練你的手藝，讓它們用起來更順手。這些練習題都經過精心的設計，希望能幫助你廣泛地將 Notion 應用到生活各個層面中。在完成練習的同時，也請不吝與我分享你的成果，還能解鎖秘密關卡與實用的 Notion 進階知識！

最後一步，就是找一位信任的專業師傅帶你一起蓋（這本書就是好選擇）。我會手把手地在「Part 3：Notion 夢想家」帶你一起蓋出心目中住起來最舒服的家。儘管本書介紹的夢想家是以豪宅為基礎，但是你可以將它拆開來使用，優先擷取最需要的部分，並把你夢想中的豪宅藍圖放在心裡。只要你持續使用 Notion 並不斷優化，我保證，有天猛然回頭一看，你會驚喜發現，自己住的房子離夢想豪宅不遠了！

歡迎來我的官網交流，
解鎖最新 Notion 知識。

# 如果你是渴望精彩人生的 Notion 老手

這不只是一本 Notion 工具書，而是人生旅程的寶藏。

在「Notion 夢想家」的人生管理系統中，我會跟你分享如何善用 Notion 資料庫與進階功能，從想法知識庫、加分回饋循環，到夢想與行動，活出精彩有意義的人生。

想像一下，你現在要從 0 開始蓋一棟專屬的夢想家。「想法知識庫」是房子的地基，也就是你所學習的知識。當地基打得越深越穩，房子就能蓋得越高。其次，「加分回饋循環」決定了房子的建材。擁有好的習慣與不斷進步的反思能力，就像是選擇用鋼筋來蓋房子，比起茅草所搭建起的房屋，更能適應不同環境變化，支撐起你的夢想。最後，人生的高度不會超過自己信念，就像噴泉的高度不會超過它的源頭一樣，擁有「夢想並勇敢行動」的人，生活就會越符合自己的期待！

這可沒有說很簡單。但在人生旅途中，別只帶上一把刀就往槍林彈雨的戰場衝。依循本書的指南，期望 Notion 能成為你人生旅途中最好的朋友或情人，陪你走過工作與生活中的低谷和高峰，活出不後悔的快樂人生。

我是一位現實主義者，多年的管理與教學經驗讓我深信，工具是要來解決問題的，而不是讓我們過得更複雜。雖然 Notion 有許多好玩華麗的功能，可以為生活增添幾分變化與樂趣，但在本書中，我只專注於跟你分享 Notion 的結構與布局（硬裝），至於設計風格（軟裝）的部分，每個人的喜好不同，就交給你自己發揮啦！

# 心動就馬上行動

前陣子參加小琉球迎王盛典，最讓我感動落淚的一幕，是目送著高齡九十六歲的阿公，拄著拐杖，拖著痠麻雙腿，緩慢走向「大千歲」的轎子稜轎腳。雖然每踏一步，就得承受一次骨刺所伴隨而來的強烈疼痛，但那始終堅毅的背影，是想為家人和子孫祈求平安。回到屋外藤椅上，阿公帶點疲倦但滿足地說：「三年才有一次這樣的機會，我不知道自己還能再走幾次。所以，只要是想做的，就一定要努力去做。」

等待沒有幫助，許多時候，等待只會讓事情更糟。如果你想開啟高效工作模式，輕鬆生活不失控，那就要勇敢跨出第一步，先從註冊一個 Notion 帳號開始。

Notion

# Notion 註冊三步驟

使用 Notion 之前，你需要先註冊一個帳號，並選擇使用方案。整個過程簡單流暢，只要三步驟就能搞定：

① 進到 Notion 的官方註冊頁：https://www.notion.so/signup。

②-1 以 Google 或 Apple 帳戶，來註冊 Notion 帳號。

②-2 於下方欄位輸入你要註冊的 Email，並貼上 Email 所收到的驗證。
　　點選：Create new account 後，接著設定帳號照片、名稱和密碼。

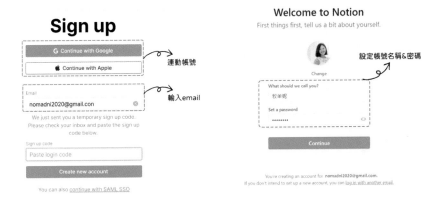

進階
小撇步　　若你用學校的 Email 來註冊，還能免費升級到 Personal Pro 的方案，且畢業後也能繼續使用同一帳號。

③ 選擇使用方案：「個人使用」或「團隊使用」。

如果你使用 Notion 的目的主要是用於個人生活上，建議可優先選擇「個人使用」。因為「個人使用」的免費版沒有輸入行數（Block）的限制，但「團隊使用」的免費版全部最多只能輸入 1,000 行。

選擇好方案後，點選下方藍色按鈕：Take me to Notion，便註冊完成。接下來，系統會直接將畫面跳轉到你的 Notion 網頁版頁面。

Notion 除了網頁版之外，還提供電腦下載版與手機 APP 版。根據我自己的使用經驗，電腦的網頁版與下載版在功能上並沒有太大的差異。如果你習慣在電腦瀏覽器中開啟多個分頁互相參照，那很推薦使用 Notion 網頁版。至於平板與手機的部分，則建議使用 APP 版。不僅能快速開啟軟體，還可針對個別頁面建立桌面捷徑，較網頁版方便許多。

# Notion 介面三區塊

　　談了這麼久的 Notion，終於可以看到它的真面目了。Notion 的版面可分成三大區塊，包含：左側目錄欄，中間編輯區，和右上設定區。

　　左側目錄欄就像是 Notion 的大腦，負責整個系統的操控。在最上方能快速搜尋內容（Quick Find）、接收最新通知（All Updates）和設定與個人帳戶（Settings & Members）。目錄中段則以階層的方式呈現所有頁面標題，點選之後，會於中間編輯區顯示頁面完整內容。

　　中間編輯區塊是 Notion 資料的核心，也是本書的教學重點。最後，右上設定區掌管頁面層級的操作，例如分享頁面（Share）、瀏覽頁面備註（View all comments）、或是將頁面設定成我的最愛（Favorite）……等功能，都可在此找到。

　　在往後的內容中，我們也會以左側目錄欄，中間編輯區，和右上設定區這三塊內容，來說明操作區域和方法。

# Notion 資費四方案

　　註冊好帳號之後，系統會預設讓你使用免費的版本。若有升級需求，隨時都可以在左側目錄欄，設定與個人帳戶（Settings & Members）中的方案（Plans），選擇你想要的服務。Notion 目前提供 4 種資費方案[1]，包含：個人免費帳號、個人專業帳號、團隊版與企業版，主要差異如下：

| 服務內容／帳號方案 | 個人免費帳號（Personal） | 個人專業帳號（Personal Pro） | 團隊版（Team） | 企業版（Enterprise） |
|---|---|---|---|---|
| 費用（美金／每月） | 免費 | US$ 5（約為 140 元新台幣） | US$ 10（約為 280 元新台幣，以成員數來計算） | US$ 25（約為 700 元新台幣，以成員數來計算） |
| 分享給指定帳號 | 5 人 | V（無限制） | V（無限制） | V（無限制） |
| 邀請團隊成員 | X | X | V | V |
| 檔案上傳限制 | 5 MB | X | X | X |
| 歷史紀錄回溯 | X | 30 天 | 30 天 | 永久 |
| 共同協作工作區 | X | X | V | V |
| 其他 | | 若有客服需求會優先處理 | 可設定團隊成員權限 | 資料安全保護程度最高 |

　　如果你大多是自己使用，則個人免費帳號（Personal）就很足夠，要

---

1　最新資費方案，請參考 Notion 官方網站：https：//www.notion.so/pricing

搭建 Notion 套房或初級豪宅絕對沒問題！若你很需要將資料分享給多位指定對象共同編輯，或是上傳的檔案經常超過 5MB，建議要升級成個人專業帳號（Personal Pro）會比較適合。假如你使用 Notion 的目的是用來管理團隊工作和專案進度，購買團隊版會對於整個工作效率與資料安全性有較大的幫助。

## Notion 移轉四流程

科技讓我們自由，也讓我們不自由。同時使用多款筆記或生產力軟體，可能無法提升效率，反而還會增加我們管理的負擔。別擔心！Notion 有提供無痛轉換服務，僅需點選幾個按鈕，就能將其他工具的資料全部整合到 Notion 中。我以最多人使用的 Evernote 來舉例說明：

### 將 Evernote 的資料轉移到 Notion 中

① 點選 Notion 左側目錄欄最下方的 Import，選擇 Evernote。

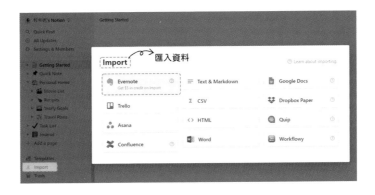

② 同意 Notion 連結你的 Evernote 帳號。

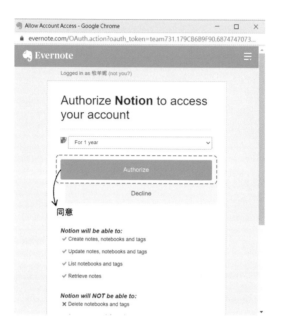

③ 選擇想要轉移的筆記本內容，並點選下方藍色 Import 按鈕，執行
移轉。

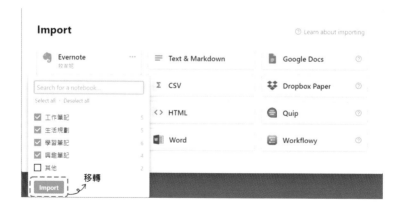

④ 匯入成功後，可於 Notion 左側目錄欄找到剛移轉的 Evernote 筆記本資料。只要點選進去，便可於中間編輯區瀏覽該筆記本底下的所有內容。

除了 Evernote 外，Notion 還支援多種軟體無痛轉移服務，整體操作流程大致相同。

恭喜你！ Notion 的前置步驟到這裡告一段落。

如果，你已經迫不及待註冊了一個 Notion 帳號，那就讓今天成為你生命中最美好的一天，因為它沒有理由不是。從今天開始，你再也不會溺水於到處亂丟的資料中，你的存在不是為了應付做不完的待辦清單。透過 All in One 的 Notion 人生管理工具，讓生活充滿選擇權，你年初設下的夢想、目標將能再次發光。

如果，你還在猶豫，仍在尋找那個能改變你生命的人，那就看一下鏡子吧！

PART

2

實戰篇

# 用儀式感開啟你的
# Notion 之旅

　　每當預期有大事要發生時，我一定會為自己做頓早餐。播著提琴演奏的歌劇魅影，煎上 1 根玉米筍和 2 顆不翻面的荷包蛋，全神貫注地在家中最美的大圓盤上擺成 100，最後配上帶點果酸的咖啡香，作為開啟美好一天的早晨儀式。這不是迷信的鼓勵，而是用儀式感喚起我那埋沒在平凡日子裡的自覺，提醒自己用積極樂觀的態度，專注在接下來的挑戰。

　　同樣的，如果沒有儀式感，Notion 只不過是乾巴巴的文字沙漠。因此，接下來我們要用 3 個儀式來開啟你的 Notion 之旅，為沙漠注入一股清泉，讓生活充滿節奏。

## 儀式 ①

## 刪除目錄，畫出思考骨架

使用 Notion 的第一步，就是刪除左側目錄欄中的所有內容。不用害怕，這只是官方提供給你參考的模板，在 Notion 官網上都找得到。但請相信我，在讀完這本書之後，你絕對能做出比官方模板好上一百倍，也更符合自己需求的內容，因為，這些都是你認真思考出來的。

歸零之後，左側目錄欄就是你腦中的思考骨架。如果你決定用 Notion 來做筆記，那目錄欄可能會以一則則筆記主題為單位。若想用 Notion 來管理工作，目錄欄也許會由不同專案或客戶別所組成，而在專案底下，又記錄著相關的目標與待辦事項。

- 目錄欄的每一個項目，都代表一個頁面。
- 每個項目底下，還可再往下細分成其他子項目或子頁面，沒有階層數的限制。
- 點選目錄欄的項目後，會於中間編輯區顯示該頁面的內容。

許多人無法上手 Notion 的最大原因，就是在動手之前沒有先好好思考過這個骨架，一股腦地把 Notion 當成雜物間使用，將所有資料都亂堆在裡面，導致整個思緒漫無目的，需要用的時候找不到，久了也就懶得找。最後，Notion 雜物間塞滿了一堆過時的寶藏，只能當垃圾處理，真的很可惜。

如果你的 Notion 已經是間雜物間，先封印它，再重新開始吧！要直接刪除雜物間過時的寶藏資料，對每個人來說都不容易。因此，可以在左側目錄欄中建立一個「寶藏區」項目，再將所有未經思考與整理的內容移至

底下蒐藏。這個大掃除的過程，不僅能幫助你重新正確開始使用 Notion，也能減少心裡的負擔。當然，針對過時但捨不得刪除的資料，也可以用同樣的方式處理。

## 進階小撇步　▶　設立多個工作區（Workspace）

若你需要同時處理多個專案，並與不同合作對象協同編輯內容，可以設立獨立的工作區來管理，為每個專案打造量身的思考骨架。

### ＞編輯方式

① 於左側目錄欄最上方，點選你的帳號。

② 點擊 Email 旁的 ⋯，選擇：加入或新增工作區（Join or Create workspace），為不同專案設定獨立的工作管理區。

## 儀式 ②

## 創建 Notion 新的一頁

你已規劃好 Notion 的骨架大概長怎樣，現在是時候捲起袖子，一頁頁把它實踐出來。Notion 常用的新增頁面方法有三種：

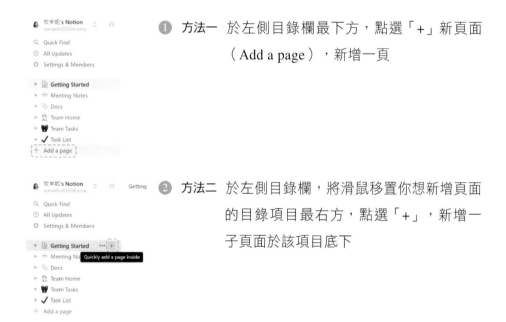

❶ **方法一** 於左側目錄欄最下方，點選「+」新頁面（Add a page），新增一頁

❷ **方法二** 於左側目錄欄，將滑鼠移置你想新增頁面的目錄項目最右方，點選「+」，新增一子頁面於該項目底下

❸ **方法三** 於中間編輯區，輸入「/」，打開指令選單，選擇：頁面（page），新增一子頁面

## 儀式 ③

### 妝點 Notion 頁面

　　有詩意的生活，才不會失意。善用三種小佈置功能，點亮你新建立的平凡 Notion 頁面，也幫助自己轉換心情，準備進入高效的專注狀態。

#### 挑選專屬封面

　　你可以在中間編輯區最上方，精心挑選一張全版大圖來詮釋頁面的主題，甚至還能將這個封面當成夢想板使用，放上嚮往的未來生活照，時時鼓勵自己往目標和夢想前進。

**＞編輯方式**

❶ 點選頁面最上方的：加入封面（Add cover），系統會先隨機顯示一張圖片。

❷ 將滑鼠游標放在圖片上，點選右下角的：變更封面（Change Cover），來更換圖片。

☞ 你可以點選：上傳（Upload），自行上傳圖片，或選擇：Unsplash，在圖庫中搜尋想要的風格。

❸ 因 Notion 封面為長型的設計，僅能顯示部分圖片區塊。你可以將滑鼠游標放在圖片上，點選右下角的：調整位置（Reposition），上下移動圖片，安排成喜歡的樣子。

## 設定個人化小圖示

在封面下方，你可以加上個人化小圖示，讓頁面更好辨認。

### ＞編輯方式

❶ 點選頁面最上方的：加入圖示（Add icon），系統會先隨機設定一個小圖示。

❷ 點選小圖示，更換成想要的圖片，若想自行上傳其他圖示也沒問題。

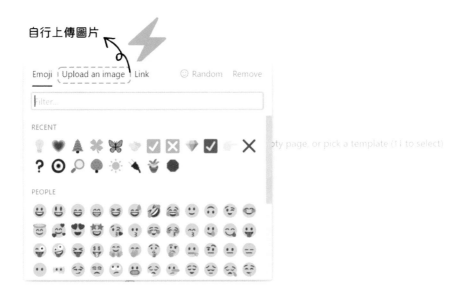

如果你覺得設定小圖示多餘又浪費時間，我很同意！不過，那是在我還沒發現它多好用之前。

這個小圖示會同步顯示在 Notion 左側目錄欄的標題，以及網頁名稱的最前方。當同時開啟很多網頁時，小圖示能讓你在眾多分頁中快速找到目標。若把頁面加成瀏覽器的書籤，小圖示也會一同呈現在最前方，兼具實用與美觀性。總的來說，我不一定會為每個頁面設定封面，但絕對會有小圖示。

## 加入標題

幫你的頁面取個有意義的名字,在「無標題(Untitled)」的地方打上標題,儀式就告一段落了!

**應用情境練習 1**

① 如果你有在投資股票,可以把 Notion 封面設定成數不完的鈔票,再加上一個喜氣的紅包小圖示,最後寫下「我是百萬股市贏家」的標題。每次一打開頁面,就像是有一個專屬啦啦隊彈出來為你加油打氣,讓你更有信心和動力地用 Notion 紀錄股市動態、操作策略與反省成效。

我是百萬股市贏家

❷ 我迫不及待地把封面、小圖示和標題應用在 ＿＿＿＿＿＿＿＿＿＿。

　　交流是最快的學習成長方式。為了幫助你快速解鎖各種 Notion 功能，實戰演練過一次，我特別設計了十五道練習題，以及 AI 自動聊天機器人。你只需要掃描下面的 QR CODE 進到我的官網，在右下角的聊天機器人中，留言與我分享你實際使用的方式，寫下應用情境練習中第二小題的完整內容，例如：我迫不及待地把封面、小圖示和標題應用在寫日記上。你就能立刻獲得不同的趣味建議、實用 Notion 進階知識、或是人生金句。這一些內容，都是來不及寫進書中，但卻又影響我很深的，希望能與你好好分享。

　　就把這些實用的練習與互動，當成你每學會一個新 Notion 技巧的儀式感吧！不僅能讓接下來的學習風景更迷人，這樣要抵達你在 Notion 的目的地也會更容易且享受的多。

掃我分享！
留言在聊天機器人內

# 七個必學的基本編輯功能

還記得小時候的一件蠢事。我花光所有的零用錢，買了一本厚厚的英文字典，熱血計畫著要一路從 A 背到 Z。我以為只要背完字典，就能說出一口流利的英文！但事實是，我永遠沒翻到 B 開頭的單字，英文多益檢定還是能考到金證。

同樣的，Notion 有多達三十五種以上的編輯功能，你不需要全部都懂才能開始。只要精熟接下來的七個必學技巧，你就能暢遊 80% 的 Notion 世界，不管是想要蓋 Notion 套房還是豪宅，需要的編輯工具就只有這些，而這就是 80/20 法則的精髓：學會關鍵的 20% 功能，就能掌握 80% 的應用。

Notion 中間編輯區的使用方式很直覺，若用過 Office 軟體，基本上都能快速上手。主要的功能可以透過以下 4 種方法來操作：

❶ 於頁面上輸入「/」，打開指令選單。

❷ 反白欲編輯的文字，點選上方工具列條。

❸ 點選段落最前方的 ⠿，叫出功能編輯框。

❹ 若你實在不想將手離開鍵盤，或滑鼠壞掉了，也可透過快捷鍵來完成大部分的設定。

在接下來的必學技巧介紹中，我會靈活運用上述不同操作方法，幫助你體驗 Notion 編輯功能的彈性。最後還會附上完整的快捷鍵統整表，讓你的編輯速度從腳踏車變火箭！

## 必學 ❶

## 四種字型大小

Notion 共有四種字型大小，由大到小依序為：大標、中標、小標，和一般文字。若沒有特殊設定，Notion 會以一般文字大小為主，約為 Word 的 12 字型。此外，大、中和小標也代表了文字的階層，方便我們運用在標題與內容架構設定。

### ＞編輯方式

❶ 將文字反白，叫出工具列條。點選最前方的文字（Text），選擇你要的字型大小。

- 標題 1（Heading 1）= 大標。
- 標題 2（Heading 2）= 中標。
- 標題 3（Heading 3）= 小標。

4種字型大小

❷ 快捷鍵：在文字最前方加上 # 符號，快速設定字型大小。
- 大標： #　+ 空白鍵 + 文字。
- 中標： ##　+ 空白鍵 + 文字。
- 小標： ### + 空白鍵 + 文字 。

應用情境練習 2

❶ 我們可以善用大、中、和小標來撰寫會議紀錄。用大標寫下會議的核心流程；利用中標作為主題分段；小標則可拿來強調會議討論的重點。

I. 會議開場 → 大標
- 破冰聊天重點：

II. 會議內容
2022 年度計畫 → 小標

III. 會議結論
1. 歸納總結 → 中標
2. 展望行動

② 我把字型大小應用在 ＿＿＿＿＿＿＿＿＿＿＿＿，超方便。

進階
小撇步 ▶ Notion 有三種系統字體可以選擇。點選右上設定區的 ⋯，叫出頁面編輯工具欄。在風格（style）的地方選擇你想要的字體：預設（Default）、襯線體（Serif）、等寬體（Mono）。設定完成後，所有頁面都會一起套用新的字體。

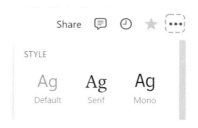

## 必學 ②

### 十種文字顏色與底色

Notion 提供十種文字顏色與底色，任你自由搭配。

＞編輯方式

① 反白欲修改顏色的文字，叫出工具列條。點選：A，挑選喜歡的顏色或底色。

Text ⌄    ↗ Link ⌄    💬 Comment    B  *i*  U̲  S̶  <>  √x  [A̲]  @  •••

10種文字顏色與底色

② 快捷鍵：在想調整的文字後方，打上「/c」，即可叫出顏色編輯器。

**應用情境練習3**

① 善用不同顏色來標示考試複習的狀況。將答錯的題目標示成紅色，想很久終於回答出來的標黃色，而答對的標綠色。這樣不僅能幫助你快速檢視學習成效，在下次溫習時，也只需要多留意紅黃標的題目就好。

> ▶ 南極的冰為什麼比北極的冰多？
> ▶ 怎樣知道魚的年齡？
> ▶ 飛機飛過後為什麼會有長長的尾巴？
> ▶ 甘蔗最甜的是哪頭？

② 我常把文字顏色和底色用在 ＿＿＿＿＿＿＿＿＿＿＿。

除了字型大小與顏色之外，你還能在反白文字後所叫出的工具列條上，設定粗體（B）、斜體（i）、或加上文字連結（↗Link）等功能，整體編輯方法與一般文書軟體差不多，都可以自己玩玩看！

**必學 3**

## 萬用小工具 —— 待辦清單、折疊列表、標註

　　我人生最接近死亡的一次，是被困在一片黑暗的柴山珊瑚岩壁中，身邊唯一會發光的東西，是那只剩下 3% 電力的手機。死裡逃生之後，不管是爬郊山或是百岳，我一定都會帶著頭燈。頭燈有種神奇的魔力，帶著它感覺很安心，小小一顆不占空間，是山野中最亮眼的一顆星，在許多情境下都能派上用場（例如：充當在山上慶生的蠟燭）。

　　接下來要介紹的三個萬用小工具，擁有跟頭燈一樣的特質，假如沒有它們，還會覺得很困擾。（免得你還在想東想西 —— 告訴你，我最後幸運遇到其他山友帶路而脫困了）。

### 待辦清單

　　待辦清單有種特殊的魔力，只要做完打個勾，就能立刻獲得心靈上的成就與滿足。從工作的待辦事項，到旅行前的打包檢查，待辦清單是我們不犯錯的好夥伴，生活有了它再也不會忘東忘西，帶著就很有安全感。

#### ＞編輯方式
❶ 輸入「/」，打開指令選單，選擇：待辦清單（To-do list）。

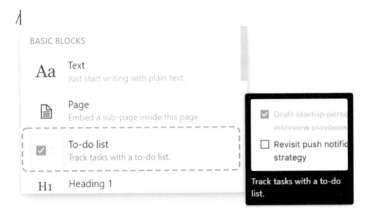

② 快捷鍵：[ ]。

**應用情境練習 4**

① 利用待辦清單功能，來安排整週活動，輕鬆掌握大小事。

**星期一**

☐ To-do
☐ To-do
☐ To-do

**星期二**

☐ To-do
☐ To-do
☐ To-do

**星期三**

☐ To-do
☐ To-do
☐ To-do

**星期四**

☐ To-do
☐ To-do
☐ To-do

**星期五**

☐ To-do
☐ To-do
☐ To-do

**🎉 週末!!**

☐ To-do
☐ To-do
☐ To-do

② 我還會將待辦清單用在 _____。

## 折疊列表

　　折疊列表是維持 Notion 頁面簡潔的秘密法寶。小小一個不占空間，只要點一下，就能迅速展開或收合內容。若頁面中的主題較多，你可以將每個主題都做成一個折疊列表，內容瞬間變得簡短有序，有需要時再點開查看。除此之外，背英文單字時，你再也不用克難地用手遮住一半螢幕，只需利用折疊列表，就能輕鬆把中文翻譯隱藏起來。

### >編輯方式

❶ 輸入「/」，打開指令選單，選擇：折疊列表（Toggle list）。

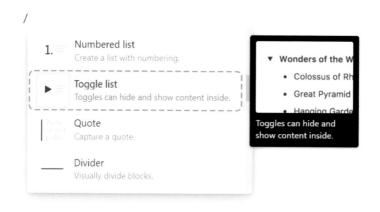

❷ 快捷鍵：>。

## 標註

　　標註是頁面中的小星星，藉由特殊長方框來凸顯頁面內容，讓它們閃閃發光。最前方還可自由配置小圖示，讓你一眼就看到重點，這做為年度

目標的提醒非常管用。還可以把它當作問題的回答框，明確指引填答區域。

## ＞編輯方式

輸入「/」，打開指令選單，選擇：標註（Callout）。

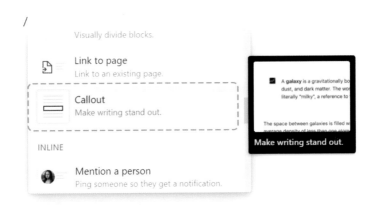

### 應用情境練習 5

① 在紀錄運動的頁面最上方，用標註寫下年度目標提醒，活出自己喜歡的樣子。

☀ 今年我可以輕鬆爬百岳，用自己的雙腳與努力體會台灣的美！

**健身練習紀錄**

| Aa 日期 | ☰ 腿 | ☰ 胸 | ☰ 肩 | ☰ 背 | ☰ 有氧 | + |
|---------|------|------|------|------|--------|---|

② 我特別喜歡把標註應用在 ＿＿＿＿＿＿＿＿＿＿＿＿。

## 必學 4

## 疊出你的 Notion 頁面

　　Notion 頁面是由區塊所組成，每個區塊最前方都會有 ⠿。它們就像是一塊塊的魔法積木，讓你將不同格式的內容整合在同一頁面上。只要動一動滑鼠，就能輕巧移動每塊積木，疊放在任何想要的地方。

　　在以文字為主的編輯軟體中，這種編排方式可說是突破性的創舉。你可以輕鬆將頁面切割成多欄，把內容排版成迷人的藝術品。

### ＞編輯方式

1 將滑鼠游標放置在區塊的最前方，點選 ⠿ 不放。

2 拖曳此區塊到欲排版的「水平位置」最左或最右邊，即會看到一條藍線作為位置的指引，放開滑鼠後便定位完成。

3 若你想編輯欄位大小，可將滑鼠指向並排欄位的中間，挪動灰線來調整間距。

Part1：All in One的人生管理工具　　　　Part 2：實戰篇　　　　　Part 3：Notion夢想家

Part 3：Notion夢想家

### 應用情境練習 6

1 還在用 Word 寫履歷？若想在眾多的履歷中脫穎而出，適度的編排與美感是必要的。利用 Notion 彈性排版功能，讓履歷不再只是條列的文字，而是能展現你創意的地方。建議可搭配後面章節所提到

的輸出功能，列印出你的致勝履歷表。

## 牧羊妮

知名電商共同創辦人，提供一線品牌在數位成
長上的顧問服務。是一個效率怪胎，熱愛實驗
各種生產力提升法! 喜歡跟大家分享使用
Notion的策略，讓人生過得更從容優雅!

## 工作經歷

### 知名Notion教學部落客

2020/12 - 現在

中文界最有系統的Notion教學部落格
知名企業指定講師，百位學生好評認證

### 聯絡方式

nomadni2020@gmail.com

https://nomadni.com

❷ 積木式的排版功能，對我在 ＿＿＿＿＿＿＿＿＿＿＿ 很有幫助。

**進階
小撇步** ▶ 若遇到任何無法並排的情境，都可利用以下的破解小妙招：先將內容轉成頁面（page），排版完成後再轉回你要的格式就可以了。

舉例來說，折疊列表下方的內容無法直接切割成多欄，但你可以：

❶ 先建立一個新頁面，編排你多欄設計的內容。

❷ 將此頁面拉到折疊列表底下。

❸ 點選頁面最前方的 ⠿，選擇：轉換成（Turn into）→ 文字（text），就可以在折疊列表下方，呈現你要的多欄排版囉。

## 調整頁面寬度

　　若想將頁面編排成四欄以上，卻苦於內容看起來太過擁擠，那全寬版是你的不二人選。Notion 提供二種頁面寬度的選擇：

❶ 預設版：頁面邊界較寬，能編輯的範圍較小，為系統預設樣式。

❷ 全寬版：頁面邊界較窄，能編輯的範圍較大。

### ＞編輯方式

　　點選右上設定區的 ⋯ ，叫出頁面編輯工具欄。開啟全寬（Full width）功能，將按鈕從灰色變成藍色。

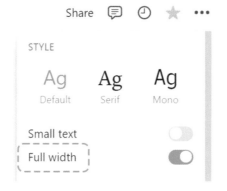

## 必學 5

## 插入圖片、影片和心智圖

如果你是比較視覺導向的人，那麼以下的技巧很適合你。Notion 不僅能插入圖片和影片，還支援多種外部軟體，可靈活嵌入在頁面中，滿足多元應用的需求。

### 插入圖片或影片

你可以利用圖片來整理資料，迅速製作重點剪貼簿，或蒐集喜愛的食譜影片，在家裡練習當大廚。值得注意的是，若你使用的是 Notion 免費方案，最大僅能上傳 5MB 的檔案，而付費版則無此限制。

### ＞編輯方式

❶ 圖片：輸入「/」，打開指令選單，點選：圖片（Image），上傳圖片檔案、貼上圖片連結，或在圖庫中選擇照片。

❷ 影片：輸入「/」，打開指令選單，點選：影片（Video），上傳影片檔案或貼上影片連結。

❶ 將喜歡的食譜影片連結，嵌入 Notion 頁面。再根據不同主題彙整成一份料理大全，每天依照心情挑選，做出零失敗的私房美味。

**蔬食健康食譜**

② 我習慣將圖片或影片用在 ＿＿＿＿＿＿＿＿＿＿＿＿＿。

## 插入心智圖

心智圖是創意發想的好工具，更是讀書筆記的好幫手。在思考的時候，我一定會拿出一張心智圖，盡情地寫下所有思考的面向。接著就像偵探一樣，仔細尋找不同想法之間的關聯性，並將它們用線連接起來。每次畫完心智圖之後，總覺得像是一張亂七八糟的蜘蛛網，但它的複雜程度，是絕對無法在大腦裡完整建構出來的。唯有使用心智圖，才能在一團蜘蛛網的點子中，發現隱藏的鑽石。

Notion 結合知名心智圖軟體 Whimsical 與 Miro，能直接將繪製完成的心智圖嵌入在 Notion 的頁面中。其中，Whimsical 使用起來較簡單，但客製化程度低，適合欲快速輸入想法的使用者。而 Miro 的操作相對複雜，適合專案或組織團隊使用。

### >編輯方式
① 在 Whimsical 或 Miro 繪製心智圖。
② 回到 Notion 頁面，輸入「/」，叫出指令選單，點選：Whimsical 或 Miro，貼上該心智圖連結。

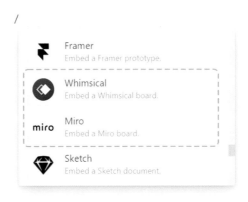

若你想插入 PDF、Google 地圖或是簡報等其他檔案，也可以試試看「嵌入（/Embed）」的功能，將會有意想不到的收穫。

**必學 6**

## 建立目錄

目錄功能就像是頁面的導覽電梯。內文中的大標、中標或小標文字，都會被收錄成電梯按鈕，讓你清楚所有樓層資訊。只要點一下目錄，就能瞬間移動到指定樓層（標題文字），這對於建立讀書筆記目錄或內容多的頁面十分便利。若是覺得電梯按鈕太多，還可以將目錄收合在折疊列表中，避免佔據頁面過長的空間。

> 編輯方式

❶ 輸入「/」，打開指令選單，選擇：目錄（Table of contents）。

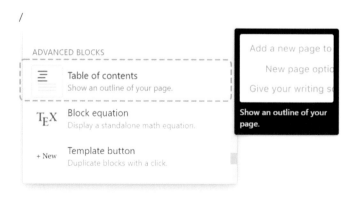

❷ 快捷鍵：打上「/toc」，就可以直接在指令選單叫出此功能。

## 必學 **7**

# 同步區塊

　　「牧羊妮，我想要有一個公告區，能讓大家投票、分享意見、訂便當、或是看到公司最新資訊。而且，我希望每個人在自己的Notion工作頁面中，就能直接查看並回覆。」這是我在為企業客製Notion團隊管理的系統時，覺得最可愛又實在的需求，約大家一起訂便當很窩心啊！

　　幸虧有Notion同步區塊功能，才能輕鬆完成客戶的要求。同步區塊能讓你將一段內容，同步到不同頁面上。只要一編輯，所有頁面中該區塊的內容都會同步更新，省時又省力。

### ＞編輯方式

① 輸入「/」，打開指令選單，選擇：同步區塊（Synced block）。

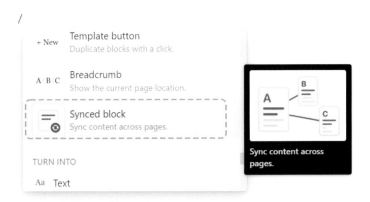

② 於紅色方框中輸入內容。完成後，點選方框右上角的複製與同步（copy and sync），你就可以貼在任何想要的頁面上。

Editing original ⌄  [ Copy and sync ]  ···

Type '/' for commands

❶ 訊息不漏接！在團隊管理頁面與個人工作首頁，同步公告最新政策。

❷ 我很開心能將同步區塊用在 ＿＿＿＿＿＿＿＿＿＿＿ 。

## 快捷鍵統整表

　　談到提升工作效率，大家絕對不能錯過快捷鍵。Notion 的快捷鍵採用基礎 Markdown 語法，你或許在某些軟體或平台有用過類似的功能。如果不知道 Markdown 是什麼也沒關係，我已將常用的 Notion 快捷鍵，為你整理在下方：

| 功能 | 快捷鍵 |
|------|--------|
| **文字編輯相關** | |
| 粗體 | 方法 1： ** 文字 **<br>方法 2： 選取文字 + ctrl/cmd + b |
| 斜體 | 方法 1： * 文字 *<br>方法 2： 選取文字 + ctrl/cmd+ i |
| 刪除線 | ~ 文字 ~ |
| 底線 | 選取文字 + ctrl/cmd+ u |
| 標記為程式碼 | 選取文字 + ctrl/cmd+ e |
| H1 標題（最大字體） | # + 空白鍵 |
| H2 標題（第二大字體） | ## + 空白鍵 |
| H3 標題（第三大字體） | ### + 空白鍵 |
| **特殊符號** | |
| 項目符號列表 | * 或 - 或 + + 空白鍵 |
| 折疊列表 | > + 空白鍵 |
| 引用 | " + 空白鍵 |
| 待辦清單 | [ ] |
| 分隔線 | - - -（三條橫線） |
| **頁面顯示功能** | |
| 搜尋頁面內容 | ctrl/cmd + p |
| 切換背景底色為白色或黑色 | ctrl/cmd + shift + l |
| 新增註解評論 | ctrl/cmd + shift + m |
| 標註日期、人員或頁面 | @ + 日期、人員或頁面 |
| **整區編輯** | |
| 選取整段落 | esc |
| 選取上下多段落 | shift + 上下鍵 |
| 移動整段位置 | ctrl/cmd + shift + 上下鍵 |
| 複製選取的段落 | ctrl/cmd + d |
| 一次性修改選取內容格式 | 步驟 1： ctrl/cmd + / ，打開指令選單<br>步驟 2： 在最上方空格輸入想調整的格式 |
| 一次性開啟或關閉下拉選單 | ctrl/cmd + alt/option + t |

# 六種視覺化呈現：資料庫

　　簡單的力量，往往最不簡單。為了在競爭激烈的社會中站穩腳步，我一直覺得為自己增加附加價值是非常重要的。因此，便去參加大量的課程，努力學習，也絕對不會錯過任何能增加人脈的活動。但是，在練習極簡與整理的過程中，我才終於發現，原來減法比加法更重要。就像日本斷捨離女王山下英子說的，她的衣櫥裡只放六套衣服，就能應對日常工作所需。用減法來為自己的生活加分，才能盡情享受當下所擁有的。

　　Notion 也像個極簡主義者，精心挑選與設計出六種視覺化功能，包含：表格、行事曆、時間軸、看板、圖庫、和列表，運用在生活與工作上已非常足夠。你還能將同一筆資料庫，依照不同場合或情境，迅速換上適合的衣服，堪比魔術師的一秒變衣絕技。比起太多花俏的功能反而讓你分心，靈活運用這六種視覺化設計，專注在真正重要的事情上，才更有意義。

　　以這六種視覺化來呈現的資料，我們稱之為資料庫

（Database）。它們的基本編輯方式相似，但應用起來卻差很多。接下來，我們會先以最常用的「表格（Table）」來舉例說明，詳細介紹資料庫的製作、編輯、美化和切換方法。之後，會再深入地分享這六件衣服不同的優點，以及適合穿著在什麼場合。

## 製作資料庫

① 於頁面上輸入「/」，打開指令選單。

② 選擇：表格資料庫 - 內嵌（Table database - Inline）或表格資料庫 - 整頁（Table database - Full page），你就能成功創建一個表格。

　　☞　　若需要創建其他視覺化呈現，皆可以同樣的方式，選擇行事曆（Calendar）、時間長條圖（Timeline）、看板（Board）、圖庫（Gallery）或列表（List）。

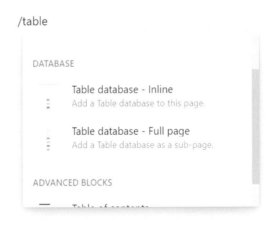

內嵌式（Inline）與整頁式（Full page）資料庫最主要的差別，就是「該頁是否只有這個資料庫」。

● 內嵌式資料庫：

除了表格（或其他視覺化）的資料外，還可以在同一個頁面中，輸入其他內容或插入別種資料格式。它的機動性高，能隨時隨地嵌入在你需要的地方。

● 整頁式資料庫：

該頁面就只由一個表格（或其他視覺化資料庫）所組成。除了表格之外，你無法在頁面任何地方，插入其他文字或功能。如果你的資料量大，且預計會運用在不同的地方，建議可套用整頁式資料庫，彙整最完整的資訊內容。

## 編輯資料庫

表格建立好之後，系統會預設出現二個欄位，也稱作屬性（Property）。其中，第一欄的「Aa 名稱（Aa name）」是表格裡唯一無法刪除的屬性。寫在 Aa 欄下方的文字，都是各個獨立頁面的標題，可以點開來編輯。

若想要新增表格欄位，可點選表格最右邊的「＋」來擴增。點選表格最下方的「＋」新增（New），或是表格右上方藍色新增（New）按鈕，則可增加表格的列。

每個屬性都能設定專屬的資料格式，包含：文字（Text）、數字（Number）、單選（Select）、多選（Multi-select）、日期（Date）、人員（Person）、檔案（Files & media）、核取方框（Checkbox）、網址（URL）、和公式（Formula）……。你只需點選欄位標題，叫出資料庫編輯框，於屬性類型（Property Type）底下，選擇適合的格式即可。

表格外觀設定的差不多之後，你可點選開「Aa 名稱」欄底下的內容，進到頁面中編輯。資料庫頁面的編排方式與一般頁面相同，但最上方會多顯示屬性資訊，即為剛才設定的表格欄位資料。若有需要新增欄位，也可在屬性的最下方，點選「＋」加入屬性（Add a property）來擴增。

# 美化資料庫

曾經有學生問我，要怎麼讓 Notion 的頁面看起來舒適有質感。我的回答是：「適度留白」。其實這個道理，是從日本極簡室內設計所領悟出來的：在深思熟慮的區塊裡留白，才能襯托出不同空間的特色。整理資料也是一樣，在視覺上刪除一些東西，重點內容才得以凸顯出來，而這就是美化的意義。接下來，你會學到如何利用隱藏、篩選、排序、分類、和切換不同視覺化呈現，讓內容更有魅力。

## 隱藏資料欄位和調整順序

你可以將不需要的欄位／屬性收整起來，讓頁面看起來更整潔有序。也能自由調整欄位順序，以更符合自己的使用需求。

### ＞編輯方式

① 點選資料庫右上方的 ⋯ ，叫出資料庫編輯框，選擇：屬性（Properties）。

② 編輯框中，會列出該資料庫中所有的欄位／屬性。將你不需要的內容隱藏，讓按鈕呈現灰色。而呈現藍色按鈕的資料，則會顯示在頁面中。

③ 若想調整欄位順序，可拖曳屬性前方的 ⠿ ，依序安排欄位先後。

所有視覺化呈現的外觀顯示，例如隱藏或顯示欄位、展示圖片、卡片大小……，基本上都可以在資料庫編輯框中的屬性（Properties），找到對應的調整功能。

## 設定篩選與排序

善用篩選與排序的組合，會讓功能變得十分強大。每種格式的屬性內容，皆能設定成篩選或排序的條件。你甚至還可以將多種篩選條件綜合成一個群組，暫時隱藏多餘的訊息，再依照重要順序顯示，幫助自己專注在最關鍵的內容上。

### ＞篩選編輯方式

❶ 點選資料庫右上方的 ⋯ ，叫出資料庫編輯框，選擇：篩選（Filter）。

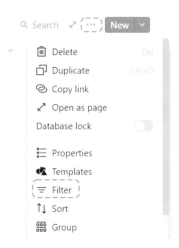

❷ 於方框最下方點選：＋加入篩選（Add a filter），設定你的篩選條件。若想組合多種篩選條件，則可選擇：加入篩選群組（Add a filter group）。

## ＞排序編輯方式

① 點選資料庫右上方的 ⋯，叫出資料庫編輯框，選擇：排序（Sort）。

② 於方框最下方點選：＋加入排序（Add a sort），設定你的排序條件。

③ 如果你使用「單選」或是「多選」的資料作為排序依據，系統會以「選項設定」的順序來排序，而非按照選項的字母先後排列。因此，你可以點選單選或多選的資料欄位，移動選項標籤最前方的 ⠿，來調整顯示次序。

進階
小撇步 ▶ **將「動態內容」做為篩選條件**

　　在團隊專案管理的頁面中，你可以設定一個「只看到自己專案事項」的篩選。這時，系統會依照不同的登入帳號，自動顯示該帳號所負責的專案內容，有效減少被無關的資料所干擾。

### ＞編輯方式

① 資料庫內需有「人員（Person）」的資料欄位，紀錄專案負責人的 Notion 帳號。

② 篩選設定：「人員」資料欄 + 包含（Contains）+ 我自己（Me）

　☞ 我自己（Me）是一個動態值，會根據不同登入的帳號而改變顯示內容。

## 分類與群組

　　這個功能就像是一名優秀的整理師，能依照你的需求，快速將資料分類，並跳脫原始資料庫呈現的框架，重新組合成一場新的視覺化革命。絕大部分的資料格式，都可以作為分類的依據，讓你愛怎麼分，就怎麼分。

### ＞編輯方式

① 點選資料庫右上方的 ⋯，叫出資料庫編輯框。選擇：分類（Group）。

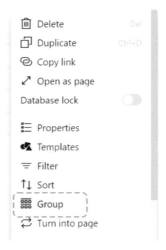

② 在分類方法（Group by） 中，設定你要的分類依據。若要隱藏特
定分類，則可點選該分類旁的眼睛圖案。

③ 設定完成後，分類會以折疊列表的方式呈現。你可以自由收闔或展
開每個分類的內容。

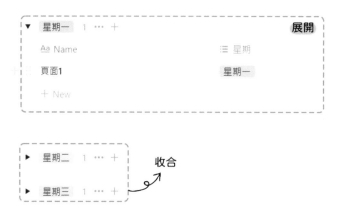

① 結婚,可說是一輩子最大的專案。從求婚看日期、訂喜餅、試穿禮服、到各種民俗禁忌……,只要漏了一個環節,可能就無法成功步入幸福浪漫的禮堂。這時,就要利用主分類(Group)與次分類(Sub-group)的功能,幫助你快速追蹤每個主題的細項與進度,減少繁瑣的婚禮大小事,所帶來的心理壓力。

② 我覺得把分類用在 ＿＿＿＿＿＿＿＿＿＿＿＿，是最省時省力的。

## 新增視覺化呈現

　　每一個資料庫內容都能自由切換成六種視覺化呈現，讓你輕鬆應對不同情境。你還可以根據使用的裝置，分別在電腦、平板和手機上，將同一資料庫設定成不同的顯示方式，用起來會更順手。

### ＞編輯方式

① 滑鼠移至表格（或資料庫）標題的右方，點選： ＋加入視圖（Add a view），選擇你要的視覺化呈現。

② 在最上方的方框中，為此視圖命名。最後按下下方的藍色建立（Create）按鈕，就完成了。

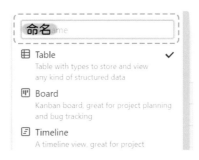

③ 每個新建立的視圖，都不會帶有任何隱藏、篩選、排序或分類的設定，需根據使用需求來重新建立。

④ 欲切換成不同的視覺化呈現，可點選資料庫標題旁的下拉箭頭，選擇想要的呈現方式。

　　舉例來說，你可以建立二個視圖，來管理待辦清單。一個使用看板的視覺化呈現，篩選出整週的待辦內容，快速掌握一週行程重點。另一個則以行事曆呈現，方便瀏覽整個月的大小事。

　　能將同一資料庫切換成不同的視覺化呈現，可說是 Notion 在眾多雲端生產力軟體中脫穎而出的關鍵。儘管 Office 或 Google 雲端編輯軟體，皆有分別的應用程式來管理這些視覺化功能，例如，Excel 著重表格編輯和運算，而 Google 日曆則專注在行程安排，但 Notion 卻能整合多方精華，讓同一筆資料能一次運用這六種視覺化呈現，成功在彎道超車，打敗對手。

# 史上最酷的資料遊樂場

「這已經是我換掉的第十套衣服了！到底要穿什麼，才適合跟心儀的對象去遊樂場約會呢？」很多人在使用 Notion 資料庫時也有一樣的煩惱：不知道什麼樣的資料，適合什麼視覺化呈現。別擔心！再怎麼樣你也只有六套衣服可以換。以下貼心準備四個穿衣原則提供你參考，希望能幫你大幅減輕選擇障礙：

1. 最「萬用」的就是表格（Table），適合瀏覽大量內容。若不知道要選什麼視覺化呈現時，先用表格就對了！
2. 若「時間」是資料的核心，建議使用行事曆（Calendar）或時間軸（Timeline）。
3. 若「圖片」是資料的重點，圖庫（Gallery）或看板（Board）都不錯用。
4. 倘若想在「手機」上使用，清單（List）與圖庫（Gallery）都是首選好夥伴。只有它們會自動依照手機螢幕寬度來調整顯示方式。

接下來，就請你牽起我的手，讓我們一起解鎖史上最酷的資料遊樂場，翻轉你的人生！

## 表格（Table）

表格一目了然的呈現方式，方便運算數字和撰寫公式，適合用來記帳、建立重要聯絡人清單、或是輸入大量的專案資料等多種情境。在每個表格的最下方，都設有自動計算的功能，且會依照不同的欄位格式調整計算內

容。譬如，你能快速計算出核取方框欄位的完成率（Percent checked）與未完成數（Unchecked），或是數字欄位中的平均值與最大最小值。

在輸入表格內容時，可利用 Shift + Enter 將文字換行，讓頁面更井然有序。若輸入的資料較多，超出欄位寬度的內容便會自動隱藏。除了用滑鼠調整欄位寬度之外，還可以點選資料庫右上方的 ，叫出資料庫編輯框，將自動換行（Wrap cells）的功能打開，顯示完整的表格內文。

進階
小撇步 ▶ 簡單表格

假如你僅需要一個簡易的表格，主要用來紀錄文字類型資訊，那優先推薦你使用簡單表格（Simple Table）。這個表格精簡掉資料庫中的篩選、排序和進階功能，內容格式也無法設定打勾方框或撰寫公式……等，但在小情境的應用上卻更為便利。

你能快速整理出比較表、或是列舉送禮清單。另外，簡單表格與資料庫表格能互相轉換，完全不用擔心選錯的問題。

> **編輯方式**

① 輸入「/」，打開指令選單，選擇：表格（Table）。

② 點選表格左方或下方的「+」，新增欄與列。也可以拖曳右下角的「+」，迅速設定表格格數。

❸若想凸顯表格的首欄與首列,則可點選右上工具列條的選項
　（Options）,開啟底色顯示。

❹倘若你發現以資料庫來呈現表格內容,會更符合使用需求。
　只需點選右上工具列條的 ⋯ ,選擇:轉換成資料庫（Turn
　into database）,就能將資訊轉換成內嵌式的表格資料庫
　（Table database - Inline）。

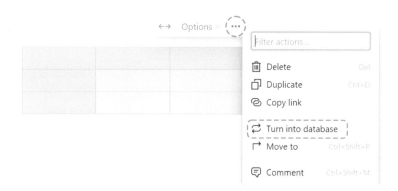

**應用情境練習 10**

❶ 利用表格記錄每天的收支，搭配單選標籤備註花費類型。最後，寫一行簡單的公式來統整收支金額（參考下圖「費用」欄位），並利用表格最下方的加總功能，計算每月投資理財的成果。

天天記帳 ⊞ Default view ∨

| 📅 日期 | ◎ 支出/收入 | ◎ 項型 | Aa 花費內容 | # 全額 | ∑ 費用 | + |
|---|---|---|---|---|---|---|
| | 收入 | 主動收入 | Notion課程 | 20000 | 20000 | |
| | 支出 | 吃 - 食材 | 全聯 | 399 | -399 | |
| | 支出 | 運動 | 健身房會費 | 999 | -999 | |

+ New

COUNT 3　　　　　　　SUM 18602

❷ 我將表格用在 _____，讓生活更輕鬆。

## 行事曆（Calendar）

　　Notion 行事曆是以三十天為單位，長得與 Google 月曆相似。若資料內容跟時間有關，需要動態地依照日期來顯示不同資訊，特別適合用行事曆來呈現。

　　值得注意的是，如果資料中沒有「日期」的屬性，那便無法出現在行事曆中。這些沒有日期的資料，會統一收整在行事曆右上角的沒有日期（No date）選項底下，你可以點開來查看，並為資料安排指定日期。另外，手機的行事曆因版面限制，會以小圓點取代頁面標題，若欲瀏覽當日行程，則需點進小圓點內查看。

→沒有日期的資料

應用情境練習 11

❶ 沒有計畫的人，會被計劃掉。利用子彈筆記的架構，於年初時，在行事曆寫下年度重大活動，例如節慶或重要人的生日。在每月月初時，於行事曆上安排整個月的重點待辦事項。最後，每天在這個日曆記錄你的執行內容，寫下人生體悟。

子彈筆記

② 我推薦可以將行事曆應用在 _____。

# 時間長條圖（Timeline）

時間長條圖是設定流程步驟、管理專案排程、和追蹤里程碑的絕佳視覺呈現方式。它不僅能清楚說明每個任務需要花費多少時間，還能瞭解任務間的依存性，方便你掌握大局。

此視覺化與甘特圖類似，但在應用上卻更為廣泛。傳統甘特圖因無法輸入過多細節，或難以轉換成每日的待辦事項，往往在繪製完成後，團隊就需要轉移到其他工具上執行。但 Notion 的時間長條圖完美解決了這個問題！你可以先利用時間長條圖來規畫整體大方向，並於頁面中記錄詳細的任務內容，在日常執行時可彈性切換成表格或看板來使用。每當達成特定的里程碑時，可再切換回時間長條圖檢視下一階段的重點。

時間長條圖能同時呈現多個維度的內容，因此在操作上也比較複雜。以下彙整三個常用的編輯技巧：

## ＞常用編輯技巧

① 時間長條圖的 X 軸是時間，預設的 Y 軸為頁面標題。畫面中的條形圖示為獨立的頁面，皆能點開來編輯。

❷ 你可以透過右上角的時間選單，選擇 X 軸的單位，從小時（Hours）、天（Day）、週（Week）、雙週（Bi-week）、月（Month）、季（Quarter）、到年（Year），都可以彈性微調。

❸ 若欲更改 Y 軸顯示的內容，則可點選資料庫右上方的 ⋯，叫出資料庫編輯框，選擇：屬性（Property）。

☞　在顯示於表格（Show in table）底下，可開啟或隱藏 Y 軸所呈現的資訊。

☞　在顯示於時間長條圖（Show in timeline）底下，能設定畫面中長條圖的內容。

## 看板（Board）

看板就像是便利貼，能將資料即撕即貼。先將不同分類主題寫在看板最上方的標籤中，接著再讓你所有的想法傾巢而出，寫在下方卡片裡。最後，只需要點點滑鼠，將卡片移動和歸類到符合的分類底下，就完成了！

看板的編輯方式直覺，適合用來發想點子、管理不同分類、追蹤專案進度或是行程規劃。

　　每個新的看板最前方，皆會有一個顯示「無分類標籤」的預設區塊，若你不需要此排資料，可點選該區塊右上方的 ⋯ ，選擇：隱藏（Hide），就能讓頁面看起來更乾淨。所有隱藏的分類，都會自動移置看板最後方的隱藏欄（Hide Column）底下。若有需要重新顯示該分類，可點選分類旁的 ⋯ ，選擇：顯示（Show）。所有的看板區塊，都可以依照同樣的方式來隱藏、顯示、刪除或更變標籤顏色。

### 應用情境練習 12

③ 日子過得美，你就會更好。用看板來協助你輕鬆規劃每次的旅行，從容享受每個當下。先以「天」為分類主軸，在底下安排每日的行程。不僅能搭配景點照片，還可紀錄每個行程的花費。旅程結束後，你可以新增一個視圖，以「花費類別」為單位，並在分類標籤旁加總金額，輕鬆掌握所有費用。

② 我會拿看板來管理 ＿＿＿＿＿＿＿＿＿＿＿＿＿ ，非常便利。

## 圖庫（Gallery）

　　有大量圖像資料的你，將會為接下來的功能拍手尖叫。圖庫能將你的內容，陳列如美術館裡的一幅幅知名畫作，不管是用來展示照片，或是打造一整面的電子書牆，都很適合。圖庫也會根據不同裝置大小，來調整呈現的方式，是所有視覺化呈現中最便於手機使用的。

　　想找到最佳的圖庫展示手法，可點選資料庫右上方的 ⋯，叫出資料庫編輯框，選擇：屬性（Property）。以下分享三個常用的設定：

❶ 卡片預覽方式（Card preview）：設定圖片顯示。可以是頁面內容、封面照片、圖片連結或不顯示任何圖片。

❷ 卡片大小（Card size）：可選擇大、中或小，共三種圖庫尺寸。

❸ 建議開啟符合圖片尺寸（Fit image）的功能，讓每張圖片都能完整呈現。

❶ 電影主題牆，大膽展現你的品味。

周星馳電影特輯

📄 賭俠
1990年

📄 唐伯虎點秋香
1993年

📄 喜劇之王
1999年

❷ 我熱愛用圖庫來呈現 ＿＿＿＿＿＿＿＿＿＿＿＿＿＿。

## 列表（List）

列表會以條列式的方式，將頁面標題顯示在左側，其他屬性資料則呈現在右側，適合用於會議紀錄或論文整理，這種常用標題來管理的資料。此外，列表也會依照螢幕寬度自動調整呈現方式，在平板或手機使用起來格外順手。

**應用情境練習 14**

① 如果你想大聲說出自己的價值，也同時幫助別人，那不妨先用Notion 清單建立一個免費的部落格。它不僅能公開分享內容、還可收錄在搜尋引擎中、並制定自己的網域名稱，不失為一個入門的好選擇。詳細的分享與收錄設定，我們會於後面的章節說明。

**最完整的Notion教學部落格**

| | |
|---|---|
| ✏️ Notion 超強筆記術 | Notion 入門課程 |
| 📓 Notion 聰明工作術 | Notion 入門課程 |
| 📔 Notion 新鮮人教學手冊– 不求速成的華麗包裝，但求步步驚豔的高速成長！ | Notion 入門課程 |
| 📝 Notion V.S. 手寫筆記，我2個都要！ | Notion 進階應用 |
| 🏔️ 爬山不寫計畫書，就像人生不買保險一樣危險！讓Notion幫你快速搞定！ | Notion 進階應用 |
| 📋 如何在Notion上追蹤美股? 只要簡單3步驟 | Notion 進階應用 |
| 📆 同步GOOGLE日曆與Notion，打造完美行事曆 | Notion API |

+ New

② 我發現把清單應用在 _____，真是妙招。

你快做到了，幹得好！你已學會六種視覺化的豐富應用。 接下來要進到資料庫最精彩的階段，這也是我把 Notion 從朋友升級成戀人的關鍵。

# 建立資料庫間的連結：
## 拆掉知識圍牆

Notion

　　我大學主修了二個毫無相關的科系：化學系與企管系。為了如期在四年內畢業，修的課程多到我常常搞混。還記得，有一次在化學專題演講課程中，我上台報告論文前忘了調整頻率，不小心用企管系的演講方式，把嚴肅的場面搞得很熱絡。原以為會因不夠專業而被教授狠狠指責一番，卻意外得到不錯的回饋，可能因為我是唯一讓所有聽眾，全程清醒且專注的報告者吧！

　　為了延續這個成功經驗，我不斷地實驗與改良，終於找到了最佳組合：以化學系的研究邏輯來組織報告內容，再利用企管系的舞台魅力包裝。這讓我在接下來的雙邊課程中，都過得非常順利。

　　正如同我們所看到的，將一領域既有的知識應用在另一領域中，就是創新的關鍵要素。只要拆掉知識間的圍牆，結合雙方精華，便能激盪出 1+1>3 的威力。

接下來要介紹的 Notion 三個資料庫進階技巧，是將資料融會貫通的最強武器。善用建立連結資料庫的功能，內容不再受地域限制。巧妙規劃關聯關係與匯總功能，能打破知識間的圍牆，將知識昇華成智慧。

## 建立連結資料庫

這個功能非常強大，它是資料庫的分身術，更獲得我 90% 的學生，將此票選為「最愛功能」的第一名。你可以利用建立連結資料庫功能，在不同主題頁面中製作無限多的分身，並為它們穿上適合的視覺化衣服，激發出跨界合作的創意火花。若資料庫內容有更動，所有的分身也都會同步更新，但並不會影響既有的視覺化設定。

> 編輯方式

方法一

❶ 在想要放置資料庫分身的頁面上，輸入「/」，打開指令選單，選擇：建立連結資料庫（Create linked database）。或可直接打「/cre」，搜尋到此功能。

② 搜尋並選擇你想要建立分身的資料庫名稱。

③ 只要是分身的資料庫，都可以在標題前看到「↗」的符號。

### 方法二

① 點選本尊資料庫右上方的 ⋯ ，叫出資料庫編輯框，選擇：複製連結（copy link）。

② 於你想要設置資料庫分身的頁面上，貼上此連結，並選擇：建立連結資料庫（create linked database）。

https://www.notion.so/e54319f7db8c4cb8b27e1ff7db7d2ad9?v=59b1306233384b6d8ec73918a654c028

| Dismiss |
| Create linked database |
| Mention page |

分身術能大幅提升資料庫應用的廣度與深度。例如，剛拿到充滿紅字的健檢報告後，你下定決心要開始吃得更健康。這時，建立一個菜單資料庫，預先排定好你每日的菜色，就能有效降低吃到垃圾食物的機會。你可以在每週的採買清單中，建立菜單資料庫分身，並篩選出本週的內容，方便一次買齊所有材料。你也可以在每日待辦清單頁面裡，建立當天菜單的分身，不管是自備午餐或是外食，都能時時提醒自己吃得健康。如果真忍不住吃了不健康的點心，也可直接於待辦清單頁面中的分身，如實記錄下來，這樣在回頭檢視時，才能知道自己的進步幅度。

先思考，再行動。在建立資料庫前，記得先想想：

• 你需要這個資料庫做什麼？

• 是否可以用一個資料庫管理，還是需拆分成多個資料庫？

如果能用一個資料庫解決，我建議你優先採用。這樣不僅能減少資料散亂在各處的問題，到時候也才不會煩惱，要如何將多個資料庫內容，整合在同一個行事曆的視覺化呈現中（這是我學生最常問的問題之一）。嘗試將同一主題的內容建立在一個整頁式（Full page）的資料庫裡，透過建立連結資料庫的功能，搭配篩選與排序設定，讓資料庫發揮 1+1>3 的威力。

## 關聯關係與匯總

如果說，建立連結資料庫是我在眾多生產力軟體中，願意嘗試跟 Notion 交朋友的關鍵，那關聯關係與匯總，便是我決定以身相許的決定性功能。

關聯關係（Relation）能為不同資料庫間建立起連結，而匯總（Rollup）則能顯示與計算關聯後的資料內容。因此，想要使用匯總功能之前，一定要先將資料庫間關聯關係起來。舉例來說，有二個互相有關係的表格 A 與 B：

- 我們想將表格 A 與 B 串聯起來，用的就是關聯關係功能。
- 關聯完成後，我們想在表格 A，顯示表格 B 的資料計算結果，就需要用上匯總功能。

在表格A顯示表格B的內容 / 計算結果

## >關聯關係編輯方式

① 在資料庫新增一個屬性（Property），並於屬性類型（Property type）下，選擇：關聯關係（Relation）。

② 選定你想要連結的資料庫，便設定完成。

## >匯總編輯方式

① 在資料庫新增一個屬性，並於屬性類型下，選擇：匯總（Roll up）。

② 點選欄位內容，進行設定：

- 關聯關係（Relation）：選擇已關聯好的資料庫。
- 屬性（Property）：選擇你要顯示關聯資料庫的哪個欄位資料。
- 計算（Calculate）：選擇顯示的內容或計算結果。

　　關聯關係與匯總功能的應用多元，例如在工作上，你可以將年度目標資料庫與專案資料庫關聯起來，並利用匯總功能，在目標資料庫中，顯示對應的專案行動與進度，方便追蹤年度目標的達成率。

　　只要簡單規劃與思考過，關聯關係與匯總能讓你在 Notion 打造出一套環環相扣的系統，深度整合不同資料。這是在紙本或其他軟體中所無法做到的事情，也是 Notion 最迷人之處。我們在「Part 3：Notion 夢想家」建造豪宅時，便會大量運用到此功能。

　　從六種視覺化呈現，到建立資料庫間的連結，你已經學會完整的 Notion 資料庫功能。現在是時候，帶著這把 Notion 資料庫武器，將它運用在工作或是興趣上，幫你輕鬆跨越各種關卡，好好享受新生活！

# 設定模板：
## 從容有序，事半功倍

　　國小六年級的姪女，興奮地跟我分享她今天在學校學作豆漿。從浸泡黃豆、煮豆、再磨豆……等等，到底是先煮豆還是先磨豆呢？姪女歪著頭認真回想，緊皺著眉頭，好似很苦惱一般。我默默從櫃子裡拿出一台豆漿機，跟她分享一個小秘密：「只要妳在睡覺前把黃豆放進去，按下這個按鈕，明天早上起來就會有小精靈幫妳煮好熱騰騰的香濃豆漿了！」

　　從這個可愛的畫面說起，這就是模板的作用。將複雜的流程製作成一個模板，只要按下按鈕，就能讓模板帶你一步步走完所有流程，不僅不會搞錯步驟，也能取代重複的操作。若是因為時間久了而忘記執行的環節，也只需要點開模板，便能快速複習。

　　接下來，我會教你如何建造自己的 Notion 小精靈，分別在資料庫和一般頁面中製作模板，讓生活更從容有序。

# 在資料庫建立模板清單

　　每個資料庫都能建立多個模板，但不同資料庫間的模板無法互相通用。這就好比在豆漿機設定好的多種煮豆模式，無法直接套用在麵包機上。

## 新增模板

　　**方法一**　在資料庫中開啟全新的一頁，並點選頁面中的：建立範本（create a template）。

**頁面1**

≡ tag　　　　　　　　Empty

＋ Add a property

Add a comment...

Press Enter to continue with an empty page, o[ create a template ]

　　**方法二**　點選資料庫右上角的藍色新增（New）按鈕箭頭，選擇「＋」新範本（New template）。

## 編輯模板

① 進到模板編輯模式時，上方會有一條淺色文字提醒：你正在編輯模板（You're editing a template in ... ）。

② 模板頁面的編輯方式，與一般資料庫頁面相同。

☞　　頁面的標題是模板名稱，建議一定要設定，這樣在套用模板時才會比較好辨認。

☞　　除了頁面內容之外，資料庫上方的屬性也皆能成為模板內容。

③ 模板設定完成後，你可以在新增資料庫頁面時，直接於頁面點選套用。或是點開資料庫右上角的藍色新增（New）按鈕箭頭，選擇欲套用的模板。

## 修改、複製和刪除模板

① 點開資料庫右上角的藍色新增（New）按鈕箭頭，在欲調整的模板右邊，點選 ⋯ 點叫出功能鍵，選擇你要的操作：

☞ 編輯（Edit）：進入模板編輯模式，修改模板。
☞ 建立複本（Duplicate）：複製模板。
☞ 刪除（Delete）：刪除模板。

## 在一般頁面建立模板按鈕

若你的內容不是用資料庫來管理，但卻又想使用模板功能，則可依循此方法。

### 新增模板

❶ 於一般頁面上輸入「/」，打開指令選單，選擇：範本按鈕（Template button）。

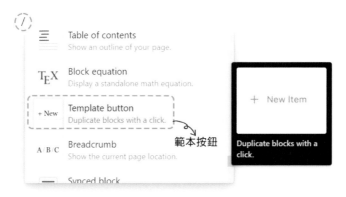

## 編輯模板

1️⃣ 於按鈕名稱（Button name）底下，輸入模板名稱。

2️⃣ 於範本（Template）底下，編輯模板內容。

3️⃣ 最後按下右上方藍色的關閉（close）按鈕，就完成囉！

想叫出模板時，只需點選「＋」「按鈕名稱」後，便會直接產出模板於下方。

**進階小撇步** ▶ 若你想建立整頁式的模板，即點選＋「按鈕名稱」後，會產出一個新頁面，裡邊帶有你的模板內容，那可以參考以下步驟：

1️⃣ 創建一新的頁面，並於頁面中設定好你要的模板樣式。

2️⃣ 將該頁面拉到範本（Template）底下區塊。

❶ 寫作是精煉邏輯思考的好方法，更是最好的自我投資。還記得我剛
　練習寫作時，要一次記熟所有寫作技巧，又要同時思考文章內容，
　把腦袋燒掉了都還不夠用。
　因此，我便將所有寫作步驟與技巧製作成一個模板，每天依循著模
　板練習，就像聘請一位專屬的寫作老師，手把手帶著我突破自己的
　寫作能力。

❷ 我一定會把模板應用在 ＿＿＿＿＿＿＿＿＿＿＿＿ 。

　現在，我們已經介紹完 Notion 中間編輯區的所有功能。但在正式開始
蓋房子之前，你一定要先看看右上設定區的錦囊妙計。學會了之後，不管
什麼情況都能迎刃而解。

# 五道錦囊妙計

　　我的機師好朋友阿德，對於 Notion 右上設定區這五道錦囊妙計，可說是愛不釋手，工作上已經不能沒有它們了。

　　在沒被抓飛的日子裡，阿德會利用「分享功能」，與三五機師好友共同編輯筆記，也能透過「歷史編輯紀錄」，確認每個人所更新的資料。接著，再將這些最新的飛行筆記「加入我的最愛」，方便快速複習定期的考試內容。

　　準備翱翔天際前，阿德都會將寫在 Notion 的飛行計畫、起降機場的特殊規定、以及航路圖「輸出」成 PDF 檔，這樣才能在沒有網路的情況下，利用平板邊飛邊瀏覽。

　　還在等什麼？我們現在就跟著阿德，一起打開這五道錦囊妙計吧！

Notion

## 妙計 ①

> ## 如何 1 秒變成中文版？

Notion 目前尚未提供中文版本，若語言是你使用工具的瓶頸，那可先藉由 Google 翻譯功能來自救。

### ＞編輯方式

① 於右上設定區的 ⋯，點選滑鼠右鍵，選擇：翻譯成中文（繁體）。

② 設定完成後，你就獲得一個中文版的 Notion 了！

此方法是利用瀏覽器的 Google 翻譯功能，故僅能在「網頁版」上執行，無法於電腦下載版和手機 APP 版中實現。

## 妙計 ❷

### 如何分享你的頁面？

如果你很樂意把自己的知識當作奉獻，而不是掠奪，只要依循下列的步驟，公開分享你的 Notion 頁面，就能為這世界產生一點正向影響力。

**＞編輯方式**

❶ 公開分享頁面到網路上：
- 點選右上設定區的分享（Share）。
- 開啟：分享到網路（Share to web）功能，按鈕會由灰色轉為藍色。

- 點選：複製（Copy），複製網址連結並分享給他人。

② 四種頁面的權限設定：

- 允許編輯（Allow editing）：可編輯和備註此頁面。
- 允許評論（Allow comments）：可備註，但無法編輯此頁面。
- 允許建立副本（Allow duplicate as template）：他人可複製此頁面。若你想要分享自己的 Notion 模板，建議可開啟此功能，供他人直接複製。
- 搜尋引擎索引（Search engine indexing）：將此頁面收錄在搜尋引擎的檢索中。若你想利用 Notion 建立個人部落格，或希望他人能在網路上搜尋到此頁面，建議要開啟此功能。

③ 將頁面分享給指定成員：

- 點選右上設定區的分享（Share）。
- 於方框處輸入指定成員的 Notion Email 帳號，並點選藍色邀請（Invite）按鈕。

- 被邀請的成員，會於右側目錄欄上方的所有更新（All Updates）中，收到頁面邀請通知。

# 妙計 ③

## 如何將頁面設定成我的最愛？

我的最愛功能就像是瀏覽器的書籤，會把加入我的最愛的頁面，統一存放在左側目錄欄上方，幫你減少許多尋找資料的時間。

### ＞編輯方式

① 點選右上設定區的星星符號，將頁面加入我的最愛。成功加入後，星星會呈現黃色。

② 若需要取消加入我的最愛，則再次點選星星符號即可。

## 妙計 ④

### 如何查看歷史編輯紀錄？

只要是使用 Notion 的付費方案，皆可查看頁面的編輯紀錄，並回復到指定的版本內容。這個功能對於管理多人共同編輯，或者將被誤更改到的重要資料做復原，都非常好用。

> 編輯方式

❶ 點選右上設定區的 ⋯ ，叫出頁面編輯工具欄。選擇：頁面歷史紀錄（Page history）。

❷ 在彈跳視窗的右邊為歷史編輯紀錄，左邊則會依照你所選擇的紀錄，顯示當時的頁面內容。若需復原至指定的版本，可選擇好右邊的歷史紀錄，再點選下方恢復版本（Restore version）的藍色按鈕，即可還原成之前的內容。

# 妙計 ❺

## 如何輸出頁面內容？

存放在 Notion 的資料可以輸出成 PDF、HTML、和 CSV 檔。若你有離線使用的需求或欲列印成紙本，都可將內容轉換成 PDF 檔。如果是想替資料備份，或在其他軟體上編輯，輸出成 HTML 與 CSV 都很方便。

### ＞編輯方式
❶ 點選右上設定區的 ⋯，叫出頁面編輯工具欄。選擇：輸出（Export）。

② 設定輸出的格式與內容：

- 輸出格式（Export format）：PDF、HTML、 和 Markdown & CSV。
- 輸出內容（Include content）：所有內容（Everything）和沒有檔案與圖片（No Files or Images）。
- 頁面尺寸（Page format）：A4、A3、Letter、Legal、Tabloid
- 包含子頁面（Include subpages）：若輸出時需包含子頁面的內容，則將按鈕開啟成藍色。

③ 點選下方藍色輸出按鈕（Export），另存新檔後便完成囉！

　　阿德曾嘗試用 Evernote 和 Google 文件來統整工作資料，但卻常遇到在不同裝置上，排版差異甚大，或是輸出成 PDF 檔後，有破版的問題，著實苦惱。直到使用了 Notion 之後，才成功解決他的痛點。現在，Notion 可說是阿德在機師工作上最常使用，也最滿意的工具了！

# Notion 加速器：
# 好用外掛與小工具

只有好，才能引出更好。Notion 除了本身功能強大之外，週邊也發展出一系列好用的外掛軟體和小工具，就像是 Notion 的加速器，幫助你快速擴充各種應用。以下推薦三個常用的外掛與小工具，包你事半功倍！

## 加速器 ①

### Notion Web Clipper

這是 Notion 官方推出的網頁擷取外掛軟體，能快速抓取整個網頁資訊，並匯入到指定的 Notion 頁面中，大幅減少你手動輸入的時間。不管是要用來蒐集好文章內容、建立閱讀筆記、或是紀錄你喜歡的電影評論，都非常好用。

一般來説，當你在網路上看到一篇很不錯的食譜，想要收藏起來作筆記，最費時費力的方式，就是用滑鼠複製整篇網頁，再慢慢貼到筆記軟體中。但有了 Notion Web Clipper，只要一個按鍵，就能幫你輕鬆搞定所有流程。

## 加速器 ②

### Indify.co

Indify.co 這個網站，提供許多免費的 Notion 動態小工具，像是：時鐘、天氣圖、計次鈕、倒數計時、人生長條圖……，整體設計風格簡單，操作也好上手。只要註冊一個 Indify.co 的帳號，就能在官網上設定各種小工具的呈現內容。最後，再把製作好的小工具連結嵌入在 Notion 頁面上，就大功告成了！最貼心的是，所有小工具都可以依照你 Notion 頁面的底色（白或黑），調整最符合的顯示方式，為質感大加分。

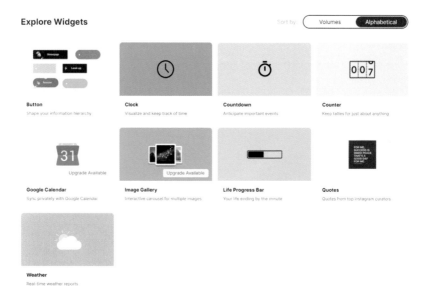

## 加速器 3

# Notion API

你可以把 Notion API 想像成小時候玩的紙杯傳聲筒。在沒有 API 時，就像是兩個紙杯中間還沒有接上線，不管你講什麼，對方都聽不到。你記錄在 Notion 的資訊，也僅能在 Notion 中使用，無法與其他的軟體對話。但有了 API 之後，一切都不一樣了！杯子間的線連了起來，你在 Notion 輸入的內容，可以同步分享給其他軟體，互相交流。

即使你不會寫程式，也能透過 automate.io 或 zapier 這兩個中介軟體，將 Notion 與另一個紙杯連接起來。舉例來說，你可以利用這兩個軟體，將 Google 行事曆與 Notion 接上線，每當 Google 行事曆上有任何新的事項或

邀請時，都會自動更新在 Notion 的待辦清單中。你還可以串聯 Email、聊天軟體、社群帳號、或問卷調查等數百種，在 automate.io 或 zapier 中有提供 API 串接服務的軟體，甚至要多方通話也都不是問題。API 可說是最具威力的 Notion 加速器，能幫你全面提升工作自動化，省下許多繁瑣的流程，打造出高效的人生管理系統。

這是你夢寐以求的一刻！總算是學完 Notion 各種功能，擁有滿手的工具和技藝，準備大顯身手一番。

學習可以分成二個方向，一個是「寬度」，另一個則是「深度」。照著 Part 2：實戰篇的教學，廣泛地認真演練過一次，你就已經完成「寬度」的學習，將許多人遠遠甩在後頭，即將晉升為有房階級了！現在，你應該都能做到：

☑ 你知道自己要用 Notion 解決什麼問題，達成什麼目標。

☑ 你熟悉 Notion 各種編輯方式。

☑ 你開始使用 Notion 資料庫來管理生活，讓工作更順利，日子也過的越有品味。

學習能改變你的大腦世界，但唯有實際輸出成作品，才能改變你真實世界的人生。全部打勾完之後，Notion 的「深度」大門將為你開啟。接下來，你會整合所有學習到的知識，打造出人生旅途中不可或缺的 Notion 夢想家。

實戰模板總集合：

PART

3

Notion 夢想家

# 人生旅程的必需品

如果，你一個月的薪水只有二萬五，你會如何小心分配？假如，你一輩子的「人生存款」僅剩二萬五，你又會怎麼使用呢？

人生是一趟限時單程旅行，連老天爺都無法賣給我們回程車票。從二十幾歲剛出社會且充滿活力的我們，假設可以一路健康活到九十歲，也就是有七十年的黃金歲月。若換算成天數，差不多就是二萬五千天。在這個只能提領，卻無法存入的人生帳戶中，你現在的存款還剩幾天？你又打算如何善用，過得精彩有意義呢？

人生的意義，由自己定義，自己負責。在生命旅途中，我們都曾如此期待外界的認可，但到最後才知道，世界是自己的，不該浪費時間去模仿別人過生活。只要我們能真摯的去體驗當下，能發自內心的笑，把生活過成喜歡的樣子，就是有意義的人生。

踏上這趟充滿意義、如魔法般的單程人生冒險，如果只單靠一時的熱情前進，遇到下雨或不如意時，很容易自動熄火，常常半途而廢。因此，除了熱情之外，我們還需要帶上一套可靠的系統，就像擁有第二個引擎一樣，不管遇到什麼樣的天氣，都能幫助我們持續前進。

　　一套好的系統，能協助我們從更高的層次往下看，擁有了解全局的能力。這套系統更要能自動運作，不會因為心情不美麗就罷工。每當想偷懶時，系統仍會盡責地推著我們前進，生活因此過得從容優雅，工作順利。若能建立一個輔助自己的 Notion 人生管理系統，將人的思維與科技結合，互相教學相長，遠比獨自一個人走更有力量。

　　這真的不誇張！我把整個人生，全都設計到這套「Notion 夢想家（加）」的系統裡了。它是我人生方向的導師，也是最能幹的貼身助理。在不如意的低潮期，生活被各種雜事追著跑，甚至開始懷疑起自己。這時，「夢想與行動」就像是從幽暗谷底透出來的一抹溫暖陽光，在混亂中指引著方向。「想法知識庫」則是最佳學習夥伴，陪同我充實自己的不足，一步步從職場低谷攀向山頭。我不再焦慮年齡的增長，因為我知道，自己也一起變得更好了。順利登頂時，「加分回饋循環」教會我如何接受自己的不完美，如此才能以平靜和快樂的態度，擁抱超乎想像的美好人生，繼續往下一個高峰邁進。

接下來，我們要一起活用之前所學到的 Notion 工具，一磚一瓦蓋出簡單好入手、住起來舒服的人生豪宅系統。這棟豪宅共由「夢想與行動」、「想法知識庫」、和「加分回饋循環」這三根主要樑柱所支撐起。整個水電與智能系統，僅由八大 Notion 資料庫巧妙布局而成，包含：年度目標、年度行事曆、專案管理、待辦清單、習慣養成、學習儲思盆、知識聚寶盆、和每週省思。

豪宅的平面設計圖如下：左邊第一欄列出八大 Notion 資料庫內容，三根主要樑柱底下的小方框，則代表它所包含的主題頁面。每個主題頁面分別使用到哪些資料庫，以 ✔ 表示，而資料庫間的關聯（Relation），則以連線說明。

| 頁面<br>資料庫 | 夢想與行動 | | | 想法知識庫 | | 加分回饋循環 | |
| --- | --- | --- | --- | --- | --- | --- | --- |
| | 年計畫 | 月計畫 | 日計畫 | 學習儲思盆 | 知識聚寶盆 | 每日日記 | 每週省思 |
| 年度目標 | ✔ | | ✔ | | ✔ | | |
| 年度行事曆 | ✔ | ✔ | | | | | |
| 專案管理 | ✔ | | | | | | ✔ |
| 待辦清單 | ✔ | | | ✔ | | | |
| 習慣養成 | ✔ | | | | | ✔ | |
| 每週省思 | | | | | | ✔ | |
| 學習儲思盆 | | | | ✔ | ✔ | | |
| 知識聚寶盆 | ✔ | | | | ✔ | | ✔ |

建議你可以先一口氣建立好八個空白的資料庫，然後左手拿書，右手實際操作 Notion，慢慢跟著教學擴充。不過，每個人的人生單程車票上，都印有不盡相同的目的地，你也可以優先選擇最感興趣的部分來嘗試。只要能建構出最適合自己的系統，並隨身攜帶，就值得了。

這套 Notion 夢想家系統，是我活出有意義的人生旅程必需品，更是經過七年來不斷地修改與精煉，所釀出來的精華。我真誠地希望，這套系統能助你勇於面對人生旅途中的驚濤駭浪，不要隨波逐流，以免漸漸遠離自己的夢想，最後只留下無盡的：「如果，我當初有這麼做，那就好了……。」

# 夢想與行動

你身邊有一位人生導師嗎？他就像是生命中的指南針，在人生最低潮的時候，指引你方向；在過度努力時，溫柔提醒著你要放慢腳步；總是用充滿正向的力量，引導你勇敢面對挑戰。

如果有，那真的是一件非常幸運的事情。但若你還沒找到，就靠自己動手創造，把「夢想與行動」當成自己的人生導師吧！只要透過環環相扣的年計畫、月計畫、和日計畫這三個頁面，就能讓生活中每個有意識的選擇，帶領你前往夢想的地方。

首先，要從「年計畫」開始發想。花點時間，反覆思索自己的人生優先順序。知道什麼是最有價值的事情之後，它們就像人生的指南針，引領著你日常行動與方向，是整個系統的核心。

其次，「月計畫」則像是暫停鍵。在我們忙碌追求夢想的同時，提醒我們要停下腳步，轉身回頭，以不同角度享受剛走過的風景。這樣，才能在既定目標與意外機會之間取得平衡。

最後，「日計畫」是整個系統的執行主幹。它不僅能讓你即時紀錄大量訊息，幫助大腦減壓，還能輕鬆掌握所有進度，有效減少拖延大魔王。如何妥善分配你寶貴的資源，專注在值得的事情上，並勇敢行動，是日計畫的重點。

「夢想與行動」是我們的人生導師，也是在為自己畫一幅未來的自畫像。在畫圖的過程中，如果你覺得描繪的不對，你並不想成為那樣的人，那就勇敢的去修改那幅畫像。若是你非常清楚，畫中的那個人就是你夢想中的樣子，例如：擁有高效率高品質的工作能力、從容自在的質感生活方式、能活在當下享受每一刻，那你就該盡最大努力去做，成為那樣的人。

現在，請先準備好六個以整頁式表格（Table database - Full page）所呈現的空白資料庫頁面，包含：年度目標、年度行事曆、專案管理、待辦清單、習慣養成、和知識聚寶盆。我們不再被動等待，而是一起主動打造出自己的人生導師，朝夢想出發！

## 年計畫

還記得你去年的新年新希望是什麼嗎？最後有完成嗎？

這不是要澆熄你的熱情，但我們曾經許下的新年願望，有很大的比例都只是希望。拿減肥來說好了，每個人一輩子應該寫下許多次「減肥成功」的新年目標，但實際的達成率可能只比中樂透的機率好一點。

那些能減肥成功或達成目標的人，並不是比你擁有更強烈的意志力，而是他們懂得善用流程的力量。依循接下來的四個重點流程一步步撰寫年

計畫，讓它成為你的人生指南針，將大幅提升新年目標達成率，準備開心地對自己說：「我，今年很不一樣！」

完整的年計畫頁面，看起來會長這樣：

## 人生五顆球的平衡

「人生像五顆球的平衡雜技，這五顆球是工作、健康、關係、心智和靈性。工作是一顆皮球，如果你不幸失手落下，它還是會彈回來，另外四顆球是玻璃球，一旦失手，它們可能會留下無法挽回的裂痕，甚至碎落一地，永遠不會跟以前一樣。」──前可口可樂執行長布萊恩‧戴森

我們，必須努力平衡我們的人生。在發想年度目標時，建議要同時納入：工作、健康、關係、心智和靈性這五個人生領域。你可以先於年計畫頁面的第一區塊：人生五顆球，利用建立連結資料庫（Create linked database）的功能，為「年度目標」資料庫設立一個分身。接著，新增看板（Board）的視覺化呈現方式，將人生這五顆球寫在上方的標籤，然後進一步思考每個面向底下的年度目標。

● 工作：
列出你今年夢想中的生活樣貌，以及對工作或事業上的期許。想勇敢活出自己人生的你，也別忘了思考：「如果金錢不是我的目的，我會怎麼過？」

● 健康：
沒有健康，就沒有資格談論夢想的生活。吃營養的食物、充分休息以及定期運動，就是最簡單也最基本的養生之道。

● 關係：
關係是一種長期投資，短期很難看到回報。與其花費寶貴的時間，分

別迎合一百位關係淡薄的人，不如用心與十位關係緊密的人見十次面。這樣才不會在你遇到真正煩惱時，連個可靠的傾訴對象都找不到。

● 心智：

人生有限，但知識無限。用有限的人生追求無限的知識，必然會失敗。優先選擇你有興趣的內容來學習，然後每天吸收一點，永遠不要停止對自己在心智（知識）上的投資。

● 靈性：

擁有一顆沉靜的心靈，是人生幸福的關鍵。每個人提升靈性層次的方式不同，比如我喜歡透過每天早上和晚上的冥想，來沉澱心靈中的塵埃。有些人選擇親近大自然，有些人則是受到偉大的文學、繪畫或音樂作品所感動。

在人生旅途中，我們容易過度重視工作這顆皮球，不斷追求薪水、頭銜等成功的耀眼裝飾品，因為那常是眾人注目的焦點。但是，單有皮球並不能帶來快樂，唯有利用這個人生五顆球的看板，提醒自己同時呵護健康、關係、心智和靈性這四顆玻璃球，才不會迷失方向。

## 確認夢想的四個問題

興致高昂地列滿了一整頁的願望後，現在你需要深吸一口氣，靜下心來，在每個夢想旁回答四個問題。深入的與自己對話，當你越往心靈深處探究，就越能確認這個夢想的方向與正確性。

回答問題時，建議可在第一區塊：人生五顆球，為「年度目標」新增

一個表格的視圖，並設定排序（Sort），好讓相同領域的球排列在一起，這樣在思索答案時會比較連貫。

### ● 問題 1：為什麼？

人生是由一連串的選擇所組成。我們常以為現在的人生，是依照自己的價值觀所選擇而來的。但其實，大部分的人，只不過是選了在別人眼中，看起來不錯的選擇。

透過連續問自己三次「為什麼要設定這個目標？」，找到夢想的核心理由。如果發現你的理由都是為了取悅別人，或迎合社會對成功的定義，那是時候停下腳步，好好琢磨這個目標是否值得追求，它跟你的人生旅程方向，又是否一致。

### ● 問題 2：我現在需要改變什麼？

寫下一個你要達成這目標，現在就需要改變的事情。它可以是你看待這個世界的方式、想法心態、或是實際行動。

你看法與心態的改變，有時比行動來得更重要。旅行時，我們如果拿錯了地圖，不管再怎麼努力走，都無法成功到達目的地。唯有調整心態和看事情的角度，就像在腦中換了一張正確的地圖，才能幫助我們走上對的道路。

- **問題 3：具體的行動？**

依照 SMART 原則，將目標拆解成具體的行動指標。一般來説，如果只是含糊地寫「我要減肥」，基本上成功率不大。但若轉換成「2 個月內減脂 3%」，有明確期限、具體且可測量的行動指標，將能有效提高目標達成率。

SMART 原則：

☞ Specific：具體。

☞ Measurable：可測量。將目標數字化，讓結果可以測量。

☞ Achievable：可實現。任務不能好高騖遠，要是可以實現的。

☞ Realistic：有現實意義。目標應該是你現在確實需要的東西。

☞ Timeline：有明確期限。像是：一週後做到什麼程度。

- **問題 4：需養成的習慣？**

寫下欲達成這個目標，所需要養成的習慣。可別小看它們，能幫助你完成夢想的，不是那些重大行動，而是這些每天都在做的小習慣。它們就像是一張張的選票，每執行一次習慣，就是在投給自己想要成為的那種人。隨著票數的累積，新的身分與夢想也會更加具體。

光是列出今年的人生五顆球目標，以及回覆這四個問題，可能就會花上你整整兩天的時間來思考。但別急，只要花兩天，就能在未來的三百六十五天過得更有方向，知道哪些事情對自己是重要的，這不是很好的投資嗎？

## 打造環環相扣的系統

知道了目標以及為何出發，再來就是要鋪好前進的軌道，讓夢想列車全速前進。將我們剛規劃好的「年度目標」資料庫，當作人生指南針，一口氣發想與關聯「習慣養成、專案管理、知識聚寶盆」這三個資料庫內容，打造環環相扣的系統。

### ● 習慣養成資料庫

習慣是我們每天生活的自動導航。通常在動腦做決定之前，習慣早已預設好了幾個選項，有時甚至會直接幫我們做出選擇。這是因為大腦傾向做輕鬆的事情，若能開啟自動導航，哪會想要使用腦動模式。因此，若能養成好的習慣，在不知不覺中，就能幫助我們持續往目標推進。

習慣養成需要靠有系統的累積。將你在年度目標「問題 4：需養成的習慣？」內容，填寫在「習慣養成」資料庫的表格欄位 / 屬性（Property）中，並以核取方框（Checkbox）的格式呈現。每天新增一列，紀錄你當天習慣執行的狀況，有做就打勾，沒做就維持空白。接著再搭配完成率的公式，即時給自己一個掌聲。

若是週期性的事項，比如每週運動四次，則可建立在下一步的專案管理資料庫內。

## ◆ 習慣養成

| Aa 美好的一天 | ∑ 習慣完成進度 | ☑ 習慣1 | ☑ 習慣2 | ☑ 習慣3 | ☑ 習慣4 | ☑ 習慣5 |
|---|---|---|---|---|---|---|
| Today | 0% | ☐ | ☐ | ☐ | ☐ | ☐ |
| Yesterday | 80% | ☑ | ☑ | ☑ | ☑ | ☐ |

+ Add a view　　　Properties　Group　Filter　Sort　Search　…　New

+ New

　　　　**計算習慣完成率**

　　只需要寫一條公式，就能輕鬆計算出當天的習慣完成百分比，當作鼓勵自己前進的動力。（可參考上圖「習慣完成進度」欄位）：

　　公式

　　format(round((toNumber(prop(" 習慣 1")) + toNumber(prop(" 習慣 2")) + toNumber(prop(" 習慣 3")) + toNumber(prop(" 習慣 4")) + toNumber(prop(" 習慣 5"))) / 5 * 100)) + "%"

　　說明

① 加總所有已打勾的方框數

- toNumber( )：將已打勾的方框計算成 1，未打勾的方框則計為 0

② 計算完成率 = 已打勾的方框數 / 總方框數 × 100

- 已打勾的方框數：步驟①的計算結果
- 總方框數：上圖範例為 5 個

③ 四捨五入，只取整數

- round( )

④ 加上 % 符號

- format( )：將上一步計算好的完成率，從數字轉換成文字格式，最後就能加上 % 符號

## ● 專案管理資料庫

人生是一連串的專案管理，從工作到生活，都是由一個個專案所組成。這裡的專案是指：「一年內，需要採取不僅一項行動，才能達成預計成果的任務。」由此我們可清楚知道，專案扮演了一個承上啟下的重要角色，上承你的工作或生活目標，下啟你的每日行動。

達成新年目標的關鍵方法，就是把它們拆解成小專案來執行。你可以參考年度目標「問題 3：具體的行動？」內容，將夢想轉換成不同的專案來管理。譬如，學習英文是你的年度目標，具體行動包含五個月內考到多益金證，那你就可以依此建立線上英文課程專案、多益準備專案、英文讀書會專案……。

發想好專案內容之後，再利用關聯關係（Relation）的功能，將「年度目標」與對應的「專案」關聯起來，也就成功打通了專案「承上」的作用。

讓專案扮演承上啟下的角色，是許多讀者覺得最受用的一個關鍵環節。我們在之後的月計畫與日計畫中，更能感受到它的威力。但這也是讀

者們最困擾的：「我一定要回到專案頁面，才能新增專案嗎？ 在關聯目標與專案的過程中，我常會靈光一閃，想新增一個專案，以更完整的落實目標方向。但要反覆在年度目標與專案頁面間切換，實在是令人眼花，又很耗時。有沒有什麼方式，能讓關聯更順暢呢？」 有的！儘管你目前正在年度目標的資料庫上，只要於專案關聯的欄位裡，打下新專案的名稱，點選「＋」建立新頁面（Create a new page），就能馬上創立一個新的專案，內容也會同步更新在專案管理的資料庫中。

寫在專案管理資料庫的內容，著重在「執行與輸出」，若是「學習或輸入」相關的主題，會放在接下來要介紹的知識聚寶盆資料庫。

### ● 知識聚寶盆資料庫

同專案資料庫的操作方式，依據年度目標的指引，在「知識聚寶盆」資料庫中寫下要達成這些夢想，你想學習或需要精進的主題，再將該學習主題與年度目標關聯起來。只需要先寫下主題即可，我們之後會在「想法知識庫」建立一套完整的學習系統。

年度目標是人生的指南針。它指引著我們發想習慣養成、專案管理和知識聚寶盆資料庫的內容，再利用關聯關係功能，將多方串聯起來。這種環環相扣的設計，能協助我們從大目標往下看，設定行動方向，還能由小行動回頭檢視今年的夢想，在每天忙碌的日子中，仍時時鼓勵自己，活出喜歡的樣子。

## 拆解夢想，勇敢行動

為了確保能在接下來的十二個月內，順利達成夢想目標，同時維持工作、健康、關係、心智和靈性這五顆球的平衡，你需要先將它們拆解成每個月可執行的進度。

若少了這步驟，絕對要有心理準備：「今年的年度夢想可能又會跟之前一樣，無限延期，無法完成。」

### ● 設定每月執行專案

於年計畫頁面的第二區塊：每月執行專案，設立一個「專案管理」的連結資料庫。隨即新增「月份」的多選欄位和標籤，將所有專案分配在十二個月中執行。建議每個月所安排的專案，不要超過十個。如果你發現

專案太多，無法於十二個月內完成，那就可以很明白的知道，你設定的年度目標其實不可行。勇敢刪掉一些不那麼重要的目標吧！人類總是很擅長高估自己一年的成就，卻低估自己十年的發展。

在排定每月執行專案時，可將專案管理資料庫轉成看板的呈現方式，以「月份」為主要分類（Group），「人生五顆球」為次要分類（Subgroup）。一次呈現兩個面向，方便你檢視每月所安排的專案，是否有過於偏頗的地方，例如：只集中在工作這顆球上。畢竟，人生是五顆球的平衡雜技，過於執著在某些領域的關卡，並沒有太大的幫助。

**進階**
**小撇步** ▶ **如何將人生五顆球作為次要分類**

「人生五顆球」的資料，僅出現在年度目標資料庫中。若想應用於專案管理的資料庫，甚至作為專案看板的次要分類，你會需要用到以下兩個技巧：匯總（Roll up）與公式。

技巧 1：利用匯總功能，在專案管理資料庫中，顯示該專案所對應的人生五顆球面向。

技巧 2：將「人生五顆球」設定為看板的次要分類
Notion 無法直接以匯總的結果作為分類依據，因此這裡需寫一條公式：prop（"人生五顆球"），用來擷取匯總內容。之後，再將此公式設定成次要分類，就完成了。

## ● 年度行事曆

　　想要提高年度目標的達成率，並將每個連假用好用滿，就要在年計畫頁面的第三區塊：年度行事曆，建立「年度行事曆」的連結資料庫，並以行事曆（Calendar）呈現，把已預定好執行日期的事項或重要活動，全都放進裡面，例如：國定連假時間、重要關係人的生日或重大日子、預排每月重點專案（大方向）⋯⋯。

　　一切都準備妥當之後，精心挑選出一句最能代表今年夢想的話，放在頁面最上方送給自己。每當你遇到挫折或想放棄時，就大聲唸出這段話，為自己注入一股正向的能量。我甚至還會把這個大聲唸出來的動作，當成每天必做的習慣之一呢！

今年，我送給自己的人生金句是：「人生只有一次，精彩的為自己而活！我抱持著好玩和有趣的心態去做任何事，享受過程」。我是一個非常目標導向的人，在工作與生活上總是不斷地追求各種目標和終點。但我逐漸意識到，儘管達成了目標，開心和滿足的感覺卻越來越短暫。這也因此讓我一次又一次，陷入追逐目標的迴圈當中，錯失了許多過程中的美好。當每天大聲唸出這句話時，就是在提醒自己要活在當下，好好品味過程中的酸甜苦辣。我不僅會用標註（Callout）強調，還會運用同步區塊（Synced block）的功能，將這段話放在年計畫、月計畫、日計畫、專案頁面或任何常用頁面的最上方，走到哪裡都能提醒自己，甚至連睡覺做夢都會夢到。

## 年計畫

年計畫是人生旅途中可靠的指南針。從五顆球的平衡、確認夢想的四問答、到建立環環相扣的系統、最後再將夢想拆解成專案與行動。善用這四個巧妙的流程設計，能讓我們清楚判斷人生的輕重緩急，專注在真正重要的事情上。只要認真執行，你的人生將充滿希望，新年許下的新希望，也絕對不再只是希望！

人只要前面有終點，有目標，就不會把辛苦當一回事。年初是動工寫下年計畫很好的時間點。但若不小心錯過了也沒關係，你隨時都可以開始。不過，一定要記得開始。年計畫是整個「夢想與行動」系統出發的核心，而「你」，是整個年計畫最重要的基石。

# 月計畫

　　在旅行時，你是計畫派，喜歡精心設計行程，還是隨興派，説走就走，擁抱冒險的新鮮感呢？

　　還記得去土耳其出差時，我計畫了一本厚厚的行程表，善用每個下班時間，吃遍伊斯坦堡美食。一路照著計畫吃完後，最讓我念念不忘的，竟然是隨興嘗試的路邊攤小吃——淡菜鑲飯。它就像是一口版的海鮮燉飯，只要動手打開貝殼，在那吸飽精華的香料米上，擠上一點檸檬汁，大口咬下，肥美的淡菜還會在舌尖上跳舞。我每次遇到，都絕對要點上三十顆來吃才過癮。

　　這跟人生旅程一樣。我們一方面按照目標審慎地往前走，另一方面則需擁抱預料之外的機會。月計畫是一個很好的暫停鍵，讓我們在忙碌追求夢想的同時，還能停下腳步觀察，善加利用出乎意料的機運。這些機運，就猶如吃下令人難忘的淡菜鑲飯一樣，成為我們繼續解開旅途中，各種疑難雜症的新動力。

　　現在，你只需要準備好專案管理、待辦清單、和年度行事曆，這三個資料庫，就能一窺月計畫的奧秘。

## 月計畫

💡 人生只有一次，精彩的為自己而活!
　　我保持著好玩和有趣的心態去做任何事，享受過程、活在當下！

### 一、檢視目前進度

📊 專案管理　田 所有專案 ˅

| Q 人生追求 | 主 月份 | Aa 專案 | Σ ★ 專案總完成率 | ↗ 年度目標 |
|---|---|---|---|---|
| 工作 | 1月　2月 | 📄 專案1 | ★★★★★★★★★★ 100% | 📄 目標1 |
| 健康 | 1月 | 📄 玉山 | ★★★★★★★☆☆☆ 75% | 📄 目標3 |
| 健康 | 1月　2月　3月　4月 | 📄 專案3 | ☆☆☆☆☆☆☆☆☆☆ 0% | 📄 目標3 |

## 二、未來規劃與重點事項移轉

**專案管理**

| 工作 2 | 健康 2 | 心智 1 | 關係 1 | 靈性 1 |
|---|---|---|---|---|
| 專案1 | 玉山 | 專案5 | 專案6 | 專案4 |
| 目標1 | 目標3 | 目標5 | 目標6 | 目標4 |
| 專案2 | 專案3 | + New | + New | + New |
| 目標2 | 目標3 | | | |
| + New | + New | | | |

**↗ 年度行事曆**

January 2022                                    ‹ Today ›

| Sun | Mon | Tue | Wed | Thu | Fri | Sat |
|---|---|---|---|---|---|---|
| 26 | 27 | 28 | 29 | 30 | 31 | Jan 1 |
| | | | | 書籍出... | 元旦 3天連假 | |
| 2 | 3 | 4 | 5 | 6 | 7 | 8 |
| 元旦 3... | | | | | | |
| 9 | 10 | 11 | 12 | 13 | 14 | 15 |
| 16 | 17 | 18 | 19 | 20 | 21 | 22 |
| 23 | 24 | 25 | 26 | 27 | 28 | 29 |
| | | | | | | 農曆春... |
| 30 | 31 | Feb 1 | 2 | 3 | 4 | 5 |
| 農曆春節 | | | | | | |

**待辦清單**  📅 C... ﹀

January 2022                                    ‹ Today ›

| Sun | Mon | Tue | Wed | Thu | Fri | Sat |
|---|---|---|---|---|---|---|
| 26 | 27 | 28 | 29 | 30 | 31 | Jan 1 |
| 2 | 3 | 4 | 5 | 6 | 7 | 8 |
| 9 | 10 | 11 | 12 | 13 | 14 | 15 |
| | 行動1 | 靈感1 | 行動3 | 行動4 | 行動5 | |
| | 行動2 | | | | | |
| 16 | 17 | 18 | 19 | 20 | 21 | 22 |
| 23 | 24 | 25 | 26 | 27 | 28 | 29 |
| 30 | 31 | Feb 1 | 2 | 3 | 4 | 5 |

## 三、每月回顧與反思

😎 掌聲:

🤖 反思與進步:

| 工作 | 健康 | 關係 | 心智 | 靈性 |
|---|---|---|---|---|
| O : | O : | O : | O : | O : |
| Δ : | Δ : | Δ : | Δ : | Δ : |
| X : | X : | X : | X : | X : |

## 檢視目前進度

　　唯有先認清自己目前在哪，才知道離目的地還有多遠。在每月的一開始，先慎重其事地建立一個全新的月計畫頁面，第一個步驟，就是在頁面的第一區塊：檢視目前進度，設立「專案管理」的連結資料庫，確認所有專案進度，了解自己目前所在位置。

　　想要有效評估專案現況，最好的方式就是由待辦清單下手。通常，我們在設定目標時，都是「從上至下」，先設定大目標，再拆解成一個個專案，最後落實於每天的生活當中。但別忘了，還需要「由下至上」的反饋回去，從每日待辦清單回頭檢視專案進度和年度目標，確認這個目標是否合理、能夠達成，即時了解現實與理想的差距。

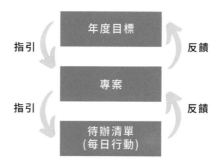

　　想要建立雙向的檢視系統，你就需要打通專案「啟下」的角色，將「專案管理」與「待辦清單」資料庫關聯關係起來，這樣才能輕鬆掌握每個專案底下的任務與整體進度。

　　舉例來說，你正在規劃一生一定要爬一次的玉山登山專案。需要的事前準備包含申請入山入園、訓練體力、確認天氣等。你可以在玉山的專案頁面中，設立「待辦清單」資料庫分身，然後加上玉山專案的關聯篩選條

件。這樣，在此所新增的待辦事項，皆會自動套用玉山專案的關聯，能幫你節省下許多手動點選時間。最後，再依照玉山專案中所有任務的完成度，顯示進度列條，清楚說明你離台灣最高峻壯闊的美景，還有多少路要走。

 **進階 小撇步** ▶ **三步驟，畫出你的專案進度列條**

在製作專案進度列條時，我們會運用到「待辦清單」資料庫中的兩個欄位資料：完成檢核方框與待辦事項。

**步驟一** 在專案管理資料庫中，利用匯總功能，計算該專案底下，共有多少待辦事項。

步驟二 利用匯總功能，計算該專案的待辦事項中，已完成的數目。即計算「完成」核取方框已打勾的數量。

計算「完成」核取方框已打勾的數量。

步驟三 以公式寫出進度列條

公式

format(slice(" ★ ★ ★ ★ ★ ★ ★ ★ ★ ★ ", 0, floor(prop(" 已完成事項數目 ") / prop(" 總待辦事項數目 ") * 10)) + format(slice(" ☆ ☆ ☆ ☆ ☆ ☆ ☆ ☆ ☆ ☆ ", 0, ceil(10 - prop(" 已完成事項數目 ") / prop(" 總待辦事項數目 ") * 10)) + " " + format(round(prop(" 已完成事項數目 ") / prop(" 總待辦事項數目 ") * 100)) + "%"))

說明

進度列條共由十顆星星所組成，一顆星星即代表 10%。其中，以為★表示已達成的進度，而以☆表示未完成的進度。

① 已達成的進度條圖示：

每完成 10% 的進度，就取一顆星星，最後將數字無條件捨去。

slice(" ★★★★★★★★★★ ", 0, floor(prop(" 已完成事項數目 ") / prop(" 總待辦事項數目 ") * 10)

② 未完成的進度條圖示：

用 ☆ 來補足 ★ 後面不足十的星星數。

(slice(" ☆☆☆☆☆☆☆☆☆☆ ", 0, ceil(10 - prop(" 已完成事項數目 ") / prop(" 總待辦事項數目 ") * 10))

③ 進度數字百分比：

先算出四捨五入後的進度百分比。接著再將此百分比數字轉換成文字，於後方加上 % 符號。

format(round(prop(" 已完成事項數目 ") / prop(" 總待辦事項數目 ") * 100)) + "%"))

你還可以自由地把★替換成各種符號，像是▓、●、或–●–，不同的呈現方式，可參考下圖：

## 未來規劃與重點事項移轉

「最徒勞無功的情況，莫過於極有效率地完成毫無意義的事情」

——管理大師彼得・杜拉克

了解現況之後，就要在月計畫頁面的第二區塊：未來規劃與重點事項移轉，定案並篩選出該月的執行專案，接著將專案與年度行事曆的內容，移轉到待辦清單資料庫裡。

雖然我們在年計畫中，已初步安排過每月的執行專案。但你可以趁這個時候，依照現況做調整，把變化安排在計畫裡。此時，不妨多以開放的視野，檢視身邊隱藏的機會。主動嘗試一些平常不會做的小事情，培養多元興趣，讓自己隨時準備好迎向意外的挑戰。

接著，在下方建立「年度行事曆」與「待辦清單」的分身，並以行事曆呈現。來回檢查一下，在年度行事曆中，是否有任務或重要節日安排在這個月裡？如果有，就把他們從年度行事曆移轉至待辦清單的月曆上。

「移轉」是指將一件事情重新填寫在不同地方。這樣的重寫，乍看似乎有些費工，但這麼做是有重要的目的：幫助我們脫離人生自動駕駛模式，慢下腳步重新思考每項任務的重要與必要性。這樣，才不會將寶貴時間浪費在對自己無價值的事情上。如果這項任務不值得你花幾秒鐘的時間重寫，就代表他可能沒那麼重要，那就丟掉吧！

其實，一開始在根據專案和年度行事曆安排整月待辦清單時，我很難刪減事項。怕做得少，會跟不上這世界的競爭腳步，怕不即時回覆，會成為社會邊緣人。搞得自己總是忙著應付別人的優先順序，而喪失了對自己生活的主控權。直到我開始嘗試移轉，有意識的安排每日任務後，才真的

能為自己的優先順序而活。更重要的是，這麼做之後，我在這個競爭的社會中過得更開心自在，與重要關係人的感情也更好了。

每到月底時，我也會利用同一個區塊反向移轉。細細地檢查所有待辦事項的狀態，將那些很重要或是能為生活創造價值的已完成任務，從「待辦清單」移轉回「年度行事曆」中。這樣的移轉，能幫助我們清楚看出每天實際做了多少有意義的事情，又有哪些是在瞎忙。找出問題點之後，才能在下個月改善。

## 每月回顧與反思

於月計畫的第三區塊：每月回顧與反思，分別以一句話，總結這個月對自己的掌聲，以及反省接下來要改善的方向。甚至還可以深入分析人生五顆球的面向，寫下哪些地方做得很好（○）、普通（△）與不好（×）。

這裡的回顧，並不是要把自己推進刑場，狠狠鞭刑一番。拷問自己有什麼事情還沒做完，或是沒達到目標。每月回顧的目的，是看著自己的一步一腳印，已經走了多遠，成果有多豐碩。當然，總是有些不足或需要改進的地方，記得放進下個月的目標或待辦事項裡就行了。對自己不用太苛刻，但也不能太放縱。只要知道自己一天比一天更進步，就是件很令人開心的事情了。

把月計畫建立成頁面的模板。在每月的一開始，按下模板按鈕，就像是為人生按下一小時的暫停鍵：

- 月初時，重新檢視既有目標和進度，必要時臨機應變，審慎安排有意義的待辦清單。
- 月底時，移轉重要待辦事項至年度行事曆上，再依照整月的執行經驗與結果，反省並修正計畫。

就這樣不斷地實驗、調整、與再計畫，於目標與機會之間取得平衡，走出屬於自己的路。

年計畫讓我們了解夢想的動機，知道什麼是最重要有價值的；月計畫幫助我們在目標與機會間找到平衡；而接下來的日計畫，則是最重要的執行主幹。你可以滔滔不絕地談論你的人生夢想，然而，如果你不花時間或採取行動，一切都只是空談。

## 日計畫

你有想過，時間管理真的重要嗎？每個人一天都只有二十四小時，有做時間管理的人，會比沒在管理時間的人，多上幾分鐘嗎？

我們沒辦法管理時間，只能管理自己。在這個講求快節奏、多工的世界，我們常將自己訓練成每件事都以反射狀態回應，將很忙誤以為是行動。因此，大家嘗試了許多時間管理的方法，以為能用更少時間，做更多的事情，就是應對這世界的解方。但其實，我們需要的不是「節省做事的時間」，而是「節省做事的量」。

一個好的日計畫，是將「你」做為管理的核心，不是時間、也不是事件，而是自己。如果，我們習慣用反射多做這種抄捷徑的方式，來安排日計畫，之後便會對真正重要的議題無力參與，緩步迷失方向，也逐漸迷失了自己。因此，把資源投資在對你重要或有意義的事情上，才是日計畫的重點。

這個世界上，並沒有完美的日計畫系統。對別人有用的方法，對你來說可能沒效，你的蜜糖，甚至可能是別人的毒藥。不過別氣餒，還是有

一些基本的規劃原則，可供我們參考。

接下來，我想跟你分享五個高效待辦清單的基本原則，搭配年度目標、專案管理、和待辦清單，這三個資料庫來輔助管理。你可以根據自己的需求挑選，組合出一個最適合的日計畫系統。

## 原則 1：集中管理所有待辦事項

「待辦清單」資料庫是整個日計畫的靈魂，也是用來安排你兩大最寶貴資源：時間和精力的中樞，更是你在整個 Notion 豪宅系統中最常使用到的部分。

一個基本的待辦清單，會包含以下四個元素：1. 待辦事項、2. 執行日、3. 完成核取方框、和 4. 優先順序。你可以在這裡記錄下所有工作、專案任務、品酒課、或私人約會行程……。你沒有看錯，我強烈建議你將「所有」待辦事項，都寫在「同一個」資料庫中管理。這樣不僅能減少忘東忘西的機會，也才能提高看事情的角度。試著想想看，若是以「週」為單位，將每週的待辦清單都建立成一個獨立的資料庫。因為資訊較碎片化，若想要拉高自我視野，回顧該月所完成的事項，便需要同時開啟四週的資料庫查看。若想確認每季的進展，則需要打開十二個資料庫視窗同步檢視，更不用說年度回饋了，光是用想的，就是個令人頭痛的浩大工程。

在一開始，就先把所有待辦事項都輸入在同一個整頁式的資料庫裡。你還可以利用 API 功能，將 Google 或 Outlook 等其他行事曆軟體的資料，全部匯入到這個 Notion 的待辦清單中，作為管理所有任務的中樞。接著，利用建立連結資料庫、篩選與排序設定，在任何你需要的地方，建立待辦清單資料庫的分身，方便輸入和檢視，在使用上也更加簡單好維持。

## 原則 2：將任務與目標連結

目標，會激勵我們採取行動。如果不知道自己為什麼要做，就很容易拖延。若能在每個寫下的待辦任務旁，對應到特定的專案，以及年度目標，這樣當你想拖延時，你會知道，自己錯過的不只是一件事而已，你錯過的，是你的人生。

舉例來說，你剛嘗試投資理財，打算先從每天存下一百元開始。不過，執行久了，就很容易忘記自己為何而存，還常因為週年慶或特價檔期，頻頻跳過存錢這件事。但是，若能在你寫下存一百元的待辦事項旁，提醒自己，這筆錢是為了買房或給家人更好的生活。這樣，不僅會讓你執行起來更有動力，也能有效降低亂買的機會。

我們在年計畫與月計畫中，已將年度目標、專案管理和待辦清單，這三個資料庫關聯起來。現在，你只需要在每個寫下的待辦任務旁，關聯對應的專案，再運用匯總功能，便能自動顯示相關的年度目標。成功讓專案做到承上啟下的作用，幫助我們快速地從上到下，和由下到上，雙向檢視與反饋。這樣，慣性拖延症便迎刃而解，因為你知道，所有做的事情，都是重要或有意義的，能幫助你持續往夢想前進。

選擇專案

年度目標匯總設定

自動顯示對應年度目標

## 原則 3：時間是關鍵要素

　　沒有設定截止日期的待辦清單，只能稱作許願清單，因為你基本上都不會完成。帕金森定律告訴我們：「工作總會填滿它可用的所有時間」。意思就是，儘管你留給自己很多時間去做，但結果總是拖到最後，臨時抱佛腳。因此，為任務設定截止日期，絕對是提高效率與生產力的關鍵。

　　除了截止日期之外，你還會需要預估每個任務所需的執行時間。譬如，你今天只有四個小時可自由使用，那就務必確保你待辦清單上的事項，能夠在四小時內完成。還記得我剛開始工作時，每天都瘋狂加班，過得非常痛苦。為了解決這個問題，我便認真記錄下每個待辦任務的預估與實際執行時間。這讓我意外發現，自己總是過度自信，明明預估四小時就要完成，但實際上卻整整花了八個小時。難怪，待辦清單上的事項，永遠做不完。而會這樣瘋狂的加班，其實大部分都是自己造成的。

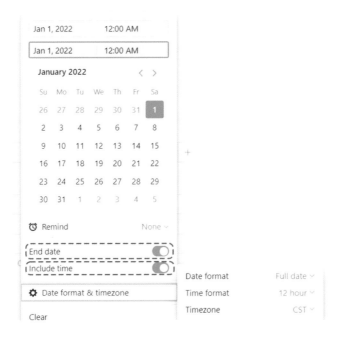

你可以在待辦清單中的「執行日」欄位，利用時間格式的功能，為每個待辦任務設定截止日期，以及預估執行所需的時間。只要點開結束日（End date），便能為該待辦事項，保留一段時間區間。接著開啟包含時間（Include time），設定時與分。最後，你還可以在日期格式與時區（Date format & timezone）下，調整你時間的顯示方式。

認真行動很重要，但可別將你的待辦清單，安排得跟行軍一樣緊湊，這樣是不會持久的。努力需要搭配休息，才能創造出持久的精進。番茄鐘工作法告訴我們：「專注二十五分鐘，休息五分鐘」，讓你成功在專注與休息間轉換，無論是追求哪方面的持續成長，這個循環都成立。

在日計畫的頁面上，插入一個番茄鐘倒數計時器，不只簡單美觀，還有音效提醒，甚至能客製化專注與休息的時間。每當我想拖延時，就會開啟這個番茄鐘計時器，安慰自己只要先做二十五分鐘就好。若是遇到棘手或很反抗的事情，還可把倒數計時調成五分鐘。每次只做五分鐘，一顆顆的把番茄吃掉，這樣不僅很有成就感，排斥感也會漸漸降低，逐步進入專注的狀態。

### 插入番茄鐘倒數計時器

① 在頁面上輸入「/」，打開指令選單，點選：插入（Embed）。

② 輸入 URL：https：//pomofocus.io/，即可插入番茄鐘倒數計時器。

## 原則 4：把當前任務限制在五項

這個世界上，有太多美好的事情。因此，能從中選擇出重要事情的能力，可能就是決定你一生成就的關鍵。有很多人看什麼事情最緊急，就把時間花在上面，或是把心血注入在能最快獲得回報的事上。但是，這些都是我們在安排待辦清單時，必須小心的陷阱。

為了讓我們將有限的時間和精力，分配在最重要的事情上，你可以利用簡單的「3+2」策略：三項大型任務，加上兩項次要任務，來安排當天的待辦事項。每個大型任務預計需要花費一到二小時，而小的事項，只需要三十分鐘或以內就可以完成。

想有效控制待辦清單的數目，不可不提到標籤功能。在待辦清單資料庫「優先順序」的屬性中，僅設定五種標籤：青蛙、每日精華 1 ～ 2 和次要任務 1 ～ 2。當有五個以上的任務需要處理時，標籤便不夠用。這時，我們就會被迫停下來思考，哪些是重要的，應該留下，哪個又不值得花時間去做。

### ● 青蛙：

時間管理中的經典「吃青蛙法則」告訴我們，若想減少拖延，吃青蛙絕對是每天最重要的第一步！青蛙指的是對你來說，最大、最重要的工作、當前最能為你的人生與成就帶來正面影響的工作、或不行動，你最有可能會拖延不做的事情，屬於三項大型任務中的首要任務。

像是在養成一週運動四次的習慣時，運動就是我的大青蛙。如果不一早去運動，我就會花一整天的時間，想出各種理由拖延不去。

- 每日精華 1 ～ 2：

選出一到兩件今天必須完成的事情，如果做完了，你就會覺得很滿足。真的只需要選一到兩件事就好，這是讓你成功擺脫，常常累得要命，卻不知道自己在忙什麼的最好方式。

- 次要任務 1 ～ 2：

吃掉青蛙和完成每日精華這三項大任務之後，還有哪些重要或緊急的事情需要執行，可列在次要任務中。

你可以點選標籤右邊的 ⋯，為每種重要順序設定不同顏色。像是我喜歡將青蛙的標籤設定成綠色，不僅跟牠的顏色一樣，也代表了一大早做完這件事情之後，今天就會是綠燈，一路順暢。除此之外，你還可拖移標籤前方的⠿，依照重要順序排列。這樣在設定排序時，就能根據你標籤的次序顯示，提醒自己每天先從吃青蛙開始。

## 原則 5：區隔當前任務與未來的任務

　　大多數人的生活就是這樣，從一件事分心到另一件，什麼都還沒完成，時間就過完了。為了讓自己專注在當下的行動，建議利用表格、群組與篩選功能，將待辦清單資料庫分成今日、明日、未來七天和 A-HA 靈感池這四大區塊，依序呈現在日計畫的頁面上。每一個區塊都可以單獨展開與收合，讓你只專注在自己需要的內容上。

　　首先，在日計畫的頁面上，建立「待辦清單」的連結資料庫，並以表格呈現。接下來，設定一個動態的篩選群組，僅顯示今日（Today）、明日（Tomorrow）、未來一週（Within the next week）、和沒有執行日期（is empty）的待辦清單內容。最後，再以「執行日」為分類，就能成功製作出超級專注待辦清單了！

你可以把最上方的無執行日區塊，當成 A-HA 靈感池，輸入所有臨時想到的任務，或是新的想法與靈感。只要是還沒排定執行日期的事項，都會先暫存於此區，例如，尚未安排時間的專案待辦任務。

今日（Today）區塊，是每日最常展開與使用到的部分，清楚提醒你當天的注意力，需花在哪些地方。於一整天工作結束時，你可點開明日（Tomorrow）的待辦清單，安排接下來的行程。若想瀏覽未來一週的行事曆，則可以打開未來七天（Next 7 days）的折疊列表，快速掌握一整週的重點。

區隔當前與未來任務這個簡單的步驟，是讓我們專注的關鍵。有了這樣的設計，你每天便能專注在當下重要的事情上，再也不會被堆積如山的待辦任務給壓垮，而是能準時完成高價值的事項。每當你劃掉清單上的一個項目時，便會感到精神振奮，覺得這天是很有進展的一天。而這樣一天又一天的正向累積，會讓你對夢想更積極，對生活也更樂觀。

日計畫是一個非常個性化的頁面，是個人價值觀的延伸，不是為了公開發表，完全是寫給自己的。因此，除了依循上述五個高效原則，來設定待辦清單之外，你還可以在日計畫的頁面中，運用最小尺寸的圖庫功能，建立專案快捷鍵、或是利用 Notion 外掛與小工具，插入即時天氣與紀錄喝水量、再放上最愛的 Spotify 生產力播放清單、以及任何能激發你創意與靈感的圖片，讓日計畫成為你生活中，不可缺少的一部分。

日計畫設定好之後，就是依照每天的安排，老老實實地做。不是做簡單的事，不是做體面的事，就只是老老實實地做事。如果你想成為某種人，卻不花心血、投入資源和行動，朝那個方向努力，那要如何變成那種人呢？最令人惋惜的，莫過於明明不喜歡現在的生活，卻又一成不變的過著。

個性化的日計畫頁面

| | Thursday | Friday | Saturday | Sunday | Monday | Tuesday | Wednesday |
|---|---|---|---|---|---|---|---|
| TAIPEI WEATHER 16 ºC broken clouds | 17 ºC 14 ºC | 18 ºC 14 ºC | 19 ºC 14 ºC | 18 ºC 17 ºC | 19 ºC 17 ºC | 20 ºC 17 ºC | 20 ºC 16 ºC |

目標7杯

喝水紀錄

−　1　+
reset

Peaceful Piano
Spotify

| 1 | All Numbers End Nils Frahm | 1:35 |
|---|---|---|
| 2 | Alba Helmut Schenker | 2:32 |
| 3 | Hour of Rest William Cas | 1:52 |

專案快捷鍵

專案管理 ⊞ ∨

專案1　　專案2

專案3　　專案4

「夢想與行動」系統是個威力強大的工具。它是我們人生旅程中的導師，能在茫茫路途中，指引著方向，擺脫靠運氣的隨波逐流。每天，我們都要做出許多大大小小的決策。若沒有它，我們將被迫對生活中所有事物個別作出反應，容易為不重要的事情分心。但相反地，這套系統能幫助我們分類這些狀況，從「自己」出發，了解人生的輕重緩急（年計畫）、在計畫與機會中找到平衡（月計畫）、並妥善分配有限的時間與精力資源（日計畫）。透過不斷地實驗、調整、再計畫，持續提升自己的人生層次與旅行深度。

Notion 夢想家模板：

# 想法知識庫

在生活中，你覺得自己最能控制的事情是什麼呢？

人生旅途上總是充滿著不確定性，很多事情就算是我們特別努力，結果卻未必能如我們所願。好比在尾牙舞台上賣力表演時，我心中總盼望著能因這份努力，而增加一點抽獎運。果然！第一個就被抽中，獲得「蘋果筆記本獎」，顧名思義就是一顆蘋果，加上一本筆記本的安慰獎。

但學習不是這樣，學習是一件特別能掌控的事情，只要用對方法和流程，就能感覺到不斷成長的快樂。若想具備一流的聰明才智，擁有超強的自學能力，你絕對需要一套完整的知識學習系統，將持續吸收到的知識，有效內化成人生智慧。

「想法知識庫」是你最可靠的學習系統，堪稱你的第二大腦。在這套系統中，只要將曾經聽過或看過的有用資訊，通通存放在「學習儲思盆」裡，就能妥善保存與讀取。在記憶這件事情上，可比我們的本腦還可靠。

接著，善用系統中的「超速學習筆記模板」，將所吸收的資訊，轉譯成自己的語言來理解，並實踐在生活中。你跨出的每一個新步伐都是累積，所有走過的路，都能為自己增添色彩。

最後，將所學到的知識彼此串聯，找到學問間的相同和相異之處，再把各方道理融合起來，練就成你最寶貴的「知識聚寶盆」。

若你還有印象，這套系統是依循年度目標所設下的學習計畫，可說是支持你夢想前進的最可靠根基。現在，你只需要準備好學習儲思盆、知識聚寶盆、和待辦清單，這三個資料庫，就可以統合多種學習資源，建立一套完整的知識輸入與輸出架構，打造出超強學習武器。

我們，害怕的不是變老，而是害怕自己沒有隨著年紀而成長，因此漸漸喪失了在社會上的競爭力。透過想法知識庫的累積，讓自己成為一個豐富、有閱歷的人吧！

## 學習儲思盆

你大多把大腦用來思考，還是記事情呢？先別覺得這是個笨問題，嘗試拿出紙筆，好好分析一下，你是如何分配有限的腦容量。

我以前總是很自豪自己的記憶力，讀書不寫筆記，工作也不寫待辦清單。大腦還內建神奇的提醒機制，每當截止時間快到時，總會自動想起來。直到成為管理職之後，我需要決策的事情變多，也肩負更重的任務，就開始出現忘東忘西的情況。原以為這是初老的症狀，還趕緊買罐銀杏來吃。但事實是，我完全用錯大腦了！

假設腦容量像一個圓餅圖。原本 100% 都用來記憶，但當思考與決策的比重增加，當然就會壓縮到原本記憶的空間。因此，升職後會忘東忘西是自然不過的事情，吃銀杏也沒辦法根本解決這個問題。在這世界上，沒有任何一個工具，強過我們大腦的思考能力，但卻有很多工具，能幫助我們紀錄事情。所以，在專業分工的考量下，多把大腦用來思考，而記憶這種事，交給《哈利波特》中的儲思盆就好。

當你腦中儲存太多資訊而無法思考時，就把這些想法通通放進儲思盆內。先騰出腦袋空間，才能進入高效思考與學習的狀態。每當想不起過去發生的事情或細節時，只要跳進儲思盆中搜尋，就能再次回味當時的點點滴滴。雖然，我們只是一般不會魔法的麻瓜，但 Notion 是你真實世界中的「學習儲思盆」。

「蒐集」、「整理」、和「輸出」，是管理學習儲思盆的三大要素，也是成為學習高手所依循的流程，一步都不能少。這裡指的輸出，可以是說、寫或是在日常中的行動。許多人喜歡在閒暇時間聽 Podcast 吸收新知，覺得這就是在學習進步。但你有將這些知識應用在生活中嗎？還是你有透過文字，重新轉換成自己的想法或評論呢？如果沒有，這些 Podcast 可能就像背景音樂一樣，對你人生的成長，並沒有太大的幫助。透過蒐集、整理、和輸出，這完整的三步驟學習流程，才是自我成長的關鍵。

## 步驟 1：蒐集

蒐集的精神在於，把任何可能有價值的東西都記錄下來。這樣你就不用一直惦記著它，對大腦也是一種解放。不管是看到別人推薦的好書、好文，任何你想學或有興趣的資訊，第一個反應就是先隨手把資料輸入到學習儲思盆中，儘管目前可能還用不到。

進階
小撇步 ▶ **Notion Web Clipper,快速擷取網頁內容的好**
**幫手**

> **編輯方式**

❶ 在瀏覽器應用程式商店,安裝 Notion Web Clipper。

❷ 於想擷取內容的網頁右上方,點選 Notion Web Clipper 外
掛程式。

❸ 在加入到(Add to)和工作區(Workspace),指定內容存
放於 Notion 的位置。

❹ 設定完成後,點選儲存頁面(Save page),網頁資料便會
轉換成 Notion 的格式,自動匯入到指定頁面或資料庫中。

　　想快速提取學習儲思盆的資料,最好的辦法是搜尋。相較於分類,搜
尋能更快速地找到想要的內容。你可以利用 Notion 搜尋功能,同時尋找標

題、內文、以及資料庫資訊，還能設定進階篩選與排序條件，讓搜尋結果更符合需求。

### >編輯方式

① 開啟左側目錄欄，點選：快速搜尋（Quick Find），叫出搜尋視窗。

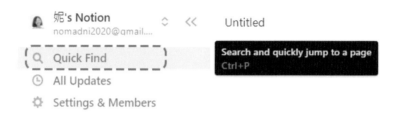

② 快捷鍵： cmd/ctrl + p

## 步驟 2：整理

雖然搜尋很方便，但一定程度的分類與整理也是必要的。在一個完整的學習儲思盆資料庫中，建議你可包含以下幾個屬性，讓資料應用更為方便：

- 標題： 書名、課程名稱……
- 作者
- 資料連結：課程或文章的連結、書本封面照片連結
- 學習管道標籤：書、課程、文章……
- 學習主題標籤：硬知識、軟技巧、健康、心靈、文學……
- 學習狀態標籤：尚未開始、進行中、完成

🌲 **學習儲思盆**

有些人吸收資訊的來源很多元，像是：書本、線上線下課程、Podcast
等。因此，可以建立一個列表的視圖，以不同「學習管道」來分類，之後
在輸入資料與查找都很方便。

每當想深入研究一個新的主題時，可將學習儲思盆轉換成看板的視覺
化呈現，並以「學習主題」來分類。這樣就能從之前蒐集好的眾多資料中，
輕鬆挑選出該主題下的入門學習資訊。

如果你想要營造讀書的氛圍，有些人還會在「資料連結」的欄位裡，
貼上書本圖片網址，並運用圖庫打造出一整面的壯觀書牆。

🌲 **學習儲思盆**

以學習管道分類，並以list呈現

讓工具為你所用,而不是讓你被工具所用。永遠都要根據自己的使用需求,設計出最符合的學習整理方式,這樣也才不會枉費 Notion 的編輯彈性。

## 步驟 3:輸出

筆記,是對學習最大的敬意。在學習儲思盆資料庫中,建立一套超速學習筆記模板,活用所學知識,創造十倍速的學習與複習成果。

筆記輸出的方式與品質,決定了學習的深度。流水帳式的學習筆記,就像是用身高和體重這兩個數字,來描繪一名知性美女一樣粗糙。因此,一個超速學習筆記模板,必須包含四大區塊:

❶ 了解自己為何而學

❷ 清楚每一章的邏輯脈絡

❸ 帶走所有的亮點

❹ 寫下自己的看法和心得，並實際行動

以下以讀書筆記模板為例，你也可以類推到任何其他的學習資源上：

▶  目錄
▶  全書邏輯地圖/心智圖
▼  金句庫

　　↗ 金句庫

　　◎ 出處　　　☰ 類型　　　Aa 金句　　　　　　　　　　☰ 作者　　　＋

　　＋ New
　　　　Calculate ⌄

▼  立刻行動

　　✳ 待辦清單

　　📅 執行日　　　Aa 待辦事項　　　　　　　　　　　　　　＋
　　This table is empty
　　＋ New
　　　　Calculate ⌄

## 一、為何要看這本書？

? Type something...

? Type something...

? Type something...

## 二、實際應用與行動

💡 Type something...

💡 Type something...

💡 Type something...

## 三、學習筆記

◆ 第一章：

　◆ 本章脈絡：

| 評論：

## • 了解自己為何要看這本書

在閱讀一本書之前，先在第一區塊，寫下三個：「我為什麼要看這本書？我目前遇到哪些問題，想在這裡找到解答？」唯有思考過這些問題，才能幫助我們在接下來的學習過程中，更容易吸收到作者想表達的精髓，以及吸取到自己最需要的內容。

如果你覺得這個問題很熟悉，沒錯！這正是我們在「Notion 新手常犯錯誤 1：沒想過自己為何而用」，所提過的內容。好的學習方法有很多種，但都是先從「為什麼」開始。

## • 畫出章節邏輯地圖

在學習的過程中，我習慣先按照原書順序，用中標列出所有章節標題，並將筆記記錄於第三區塊。還會搭配目錄功能，方便直接進入到上次的筆記段落（可參考上圖第一個折疊列表：目錄）。

每讀完一個章節，可在該章筆記最上方，用自己的一句話，寫下本章重點，並以標註功能強調。這樣，你只要將所有標註串聯起來，就能看出全書的脈絡。

大多數的人之所以沒有真正讀通一本書，就是因為看不到這個脈絡。作者為了要讓讀者好理解，經常會穿插小故事來說明。但我們往往只記得這些有趣的內容，卻忘了作者的本意。因此，只有讓自己跳脫出文字，以居高臨下的姿態俯瞰全章，才能看清楚它們的脈絡。然後，再將這些脈絡串聯起來，為自己畫出這本書的邏輯地圖或心智圖，並整理在上方的第二個折疊列表中：全書邏輯地圖 / 心智圖。

## • 帶走書中所有亮點

分析脈絡時要忽略故事，但在細讀時卻要把故事帶走。書中的哪句話最能觸動你的心？哪一句話又巧妙到令你拚命點頭贊同？將這些對你很有啟發的亮點文句記錄下來，我甚至還會整理在一個專屬的金句資料庫中（可參考上圖第三個折疊列表：金句庫）。在心情低落時，讀讀這些故事與金句，讓自己沉浸在別人的人生智慧裡。於日後創作時，也能從金句庫翻找靈感，讓書中的亮點持續發光。

但這並不是要你記錄書中所有的內容，這叫做抄書，而不是筆記。除了金句之外，一個好的讀書筆記，是根據你閱讀這本書的原因，找尋書中是如何解決這個問題、運用到哪些技巧、或實際案例分享，最後才將這些對你有幫助的內容，記錄下來。

## • 大量寫下自己的看法和心得，並實際行動

閱讀完一本書之後，記得在筆記中寫下自己的看法與心得，它可以是你對內容的理解、對一件事的質疑或肯定、甚至是你看到這段文字而產生的靈感。我會把自己的評論寫在引用（Quote）的功能內，這就好像在與作者對話一般。往後翻閱筆記時，便能清楚分辨哪些是自己的靈感，哪些是書中的精華，說不定還會覺得，自己的靈感比原書更有價值呢！

透過學習來解決自己的問題，也能從問題的解決中獲得自信。最後一步，也是最重要的一步，就是在筆記第二區塊，寫下三個要如何將本書所學到的知識，實際應用在生活中。它可以是解決你目前遇到問題的方法、或是任何符合你當初為何而學的行動。建議你可以直接把這些行動，安排在待辦清單中，絕對能大幅提升你的執行力（可參考上圖第四個折疊列表：

立刻行動）。

　　好的學習資料需要讀兩遍，第一遍是為了陷進去，第二遍是為了跳出來。第一次閱讀時，我們往往會陷入書中的論點，全部的腦容量都用於理解，沒有力氣去產生自己的想法。只有當你讀到第二遍時，才能縱觀全局，談笑風生地發表自己的意見，將新學到的內容與過去知識連結起來，把你最新的認知與看法，整理到接下來的知識聚寶盆中。

## 知識聚寶盆

　　你曾經體驗過學習的最高境界嗎？就是當學習到一定程度之後，你會對不同學習資料間的聯繫非常敏銳，能找到他們的共通性與相異之處，甚至發展出自己的一套理論。其實這個道理，跟武林大師的養成是一致的。像《神鵰俠侶》中的楊過，在奇遇多位高人指點之後，能擷取各方武術精華，融會貫通出一套自己的黯然銷魂掌。年紀輕輕，就在武林中享有很高的讚譽與地位。

　　「知識聚寶盆」資料庫，就是用來展現你融會貫通的學習成果。每一個知識主題，都是一個聚寶盆。將你在學習儲思盆中的資料，依照不同主題分類，然後與對應的知識聚寶盆關聯關係起來。舉例來說，在寫作這個知識主題底下，我看了《精準寫作》與《願故事力與你同在》，而這是為了達成年度目標 2，所需培養的新技能。

　　透過這樣的連結，我們就能很清楚地知道，這些依照年度目標所列下的學習主題，已經了解了多少。你每一次的學習，就像是在聚寶盆內投入一顆金幣。當你在儲思盆所寫下的筆記越多，你的聚寶盆也就會越豐盛，

這更是你在工作上能快速晉升的秘密武器。

### 🏛 知識聚寶盆

| | | |
|---|---|---|
| + Add a view | | Properties　Group　Filter　Sort　🔍 Search　⋯　**New** ⌄ |
| Aa 聚寶盆 | ↗ 學習儲思盆 | ↗ 年度目標　＋ |
| 📄 寫作 | 📄 精準寫作　📄 讓故事力與你同在 | 📄 目標2 |
| 📄 冥想 | 📄 Headspace冥想正念手冊　📄 壓力更少，成就更多 | 📄 目標6 |
| | 📄 當下的力量　📄 覺醒的你 | |

　　關聯好之後，認真檢視同一聚寶盆底下的所有儲思盆筆記。接著在聚寶盆的頁面上，利用同步區塊、頁面標註（@+ 頁面名稱）功能、或是反向連結（backlink），整理不同學習資料的主要論點。

　　透過這樣的整理，你可能會發現，不同學習資料間的不同說法，其實核心都是指向同一個原則。有時候你會看到，大家對於一個問題的看法，原本大致相同。但當有人引用了更新更有利的證據來解釋之後，便翻轉了整個結論。你甚至會覺得，市面上的資料都只講到了一小部分，但你卻能看到完整的全局。這一切，都是你在打通知識聚寶盆的任督二脈之後，可預期到的豐碩成果。到了這個層次，你已經學成這個領域的專家，那就是時候，把你的理論發表出來了！

　　學精第一、學廣第二、創造第三。在「想法知識庫」的系統中，學習儲思盆與超速學習筆記法，是讓你學得精，吸收他人知識，也輸出自己的想法與靈感。知識聚寶盆就是學得廣，將相關知識融會貫通之後，才能在工作或生活需要時，馬上派上用場。當你在一個領域有了深度和廣度的累積，便擁有創造的能量，勇於分享自己的見解，讓這個世界因你而更好，你也會因此而變得更茁壯。

# 加分回饋循環

為什麼，有時我們拚命追求幸福，想要有更好的工作、更高的生活品質，卻仍覺得不快樂呢？

《伊索寓言》經典的鵝生金蛋故事，告訴了我們幸福的關鍵。有位窮農夫，在自家後院意外發現一隻會生金蛋的鵝，因此透過賣蛋，而改善了生活。但鵝每天只會生一顆金蛋，這漸漸無法滿足農夫對財富的貪婪與追求。某天，農夫異想天開地剖開鵝的肚子，企圖一口氣拿走所有的金蛋。沒想到，肚子裡不但沒有半顆金蛋，鵝也死了，再也生不出金蛋了。

這則寓言告訴我們，一般人往往過於重視成果與產出（金蛋），但若希望獲得長久且期望的結果，產能（鵝）則是另一個很重要的因素，這裡指的就是你的身心靈健康。唯有產出與產能達到平衡，才能擁有真正的快樂與高效能。

還記得有一陣子我心情很糟，腦袋裡總有無數個念頭在吵架，工作效率大幅降低，寫書也頻頻卡關。因此，我大手筆升級效率工具，一口氣買了電動升降桌、電競椅、曲面大螢幕、甚至開始養植物，希望能突破這次的瓶頸。

在得手想要的東西時，心中確實會有股喜悅，產出微幅增加，但維持的時間卻很短暫。直到讀了鵝生金蛋的故事後，我才了解到，造成產出低落的一切問題根本，並非來自物品或生活周遭，而是內在心靈。唯有先心靈富足，也就是產能富足，才會對生活感到滿足與快樂，進而提升產出的品質和效率。

「加分回饋循環」能有效幫助我們定期檢視產出與產能的平衡。在寫了一陣子的每日日記和每週省思後，我原本焦躁的心，漸漸平靜了下來。早晨走在平常散步的樹林中，腦袋不再喋喋不休，而是發自內心地欣賞每顆樹的姿態，聆聽此起彼落的麻雀聲。恍然一笑，原來，這裡是麻雀們的早上菜市場啊！這些景色我已重複看了好幾年，但只有在心靈澄淨、產出與產能達到平衡時，才能如此真心感受到生命的純粹幸福與美好。

這個系統總共包含兩部分：每日日記與每週省思，所用到的六個資料庫大部分都已經在之前介紹過，包含：專案管理、待辦清單、習慣養成、學習儲思盆、知識聚寶盆、和每週省思。這樣重複利用的設計，主要是希望能大幅減少輸入時間，降低你開始執行的障礙。在養成回饋和反思的習慣之後，讓我們開始擁抱自己的不完美，也才能將焦點放回原位：「持續改善」。

# 每日日記

　　你有寫日記的習慣嗎？老實說，我遲遲無法體會這個方法的好。只要一講到寫日記，就會回想起學生時代，為了寫週記而寫的痛苦回憶。那種流水帳式的紀錄，連天氣都拿來湊字數，老師的回覆有時比我的內文還多。

　　日記，其實是一段通往內在的旅程，而不是為了寫給別人回覆的。在找尋心靈混亂根源，探索內在最深層的想法時，我努力打破之前對日記的偏見，嘗試利用 Notion 模板功能，養成每天十分鐘寫日記的習慣。僅是這個小小的動作，卻為人生帶來巨大的不同。

　　透過日記，能更了解自己。覺察到哪些事情，是引爆情緒的炸彈，又有哪些事情，是自己真心喜歡做的。日記也能幫助我們拿回人生主導權。起床後的第一件事情，不再是拿起手機瀏覽別人的大小事，而是把時間留給自己，寫早晨日記、冥想、閱讀、或好好吃頓早餐。每天持續在日記中寫下自身的夢想，就好像是種下一顆種子，天天替它澆水、曬太陽。看著這顆夢想種子逐漸發芽，原本以為很遙遠的事情，便會越來越具體，對它就會更有信心，進而鼓起勇氣，勇敢為夢想認真地活一次！

　　寫日記是很私密的事情，不需要給自己太多限制。在嘗試了多種方式之後，我真心推薦你試試看以下三大要訣，將其融入在你的日記模板中。認真寫下每一天的生活跌宕，回過頭來，你會喜悅地發現自己的成長與收穫。

## 要訣 1：寫下當天狀態

　　每天早上起床時，我會以 -5 ～ +5 來評估自己當天的狀態。普通是 0，狀態不好是 -5，而狀態非常好是 +5。一開始，要把狀態轉化成數字，並不是一件容易的事情。但當你持續寫下自己的狀態與評分理由後，一陣子就能正確掌握自己的情緒和健康。

　　事實上，多數人都不知道自己目前的狀態是好是壞，甚至將遲鈍的自覺，誤以為是抗壓性高的表現。常常連壓力都已經對身體健康產生負面影響了，卻還不自知，仍繼續地勉強自己。透過每天的狀態記錄，能更了解自己的身心狀況，即時排解壓力，也是我近年來很少生病的秘訣。

## 要訣 2：紀錄睡眠時間

　　足夠的睡眠，是最好的休息。在競爭激烈的社會中，我們常把少睡多做當成一枚榮譽勳章，拿來炫耀自己的能力，證明負責任的工作態度，但這樣根本是在慢性自殺。

　　根據科學研究，睡眠可依序分成三個階段：淺睡、深睡、和快速動眼睡眠。其中，快速動眼睡眠是最寶貴的。在這個階段，大腦會消化與整合你白天所接收的訊息，建立不同資訊間的連結，並將重要的內容轉換成長期記憶。若每天睡足 7 ～ 9 小時，便能進入較多的快速動眼期，不僅有充分讓自己休息，還能在夢境中高效學習。

　　以前的我，嚴格規定自己每天只能睡 6 小時，深怕多睡一點就會輸在起跑點。但深入了解睡眠相關的科學研究之後，便下定決心改掉這個真正讓我輸在起跑點的少睡壞習慣。持續在日記中記錄睡眠時間，時時提醒自己，足夠的睡眠，才是讓我們維持在巔峰狀態的最高 CP 值方法。

**進階
小撇步** ▶ **計算睡眠時間**

想在 Notion 紀錄總睡眠時間，需準備 3 個資料欄位。

**睡眠時間紀錄**

| 🗓 睡覺時間 | 🗓 起床時間 | Σ 總睡眠時間 |
|---|---|---|
| Yesterday 10:30 PM | Today 6:00 AM | 7 |

❶ 在「睡覺時間」的日期欄位，記錄你的睡覺時間。

❷ 在「起床時間」的日期格式欄位，記錄你的起床時間。

- 睡眠時間需記錄到小時與分鐘，因此在時間的設定上，記得要開啟包含時間（Include time）的功能。

❸ 利用公式欄位，計算「起床時間」與「睡覺時間」中間的差距，並換算成小時。

公式
dateBetween（prop（" 起床時間 "）, prop（" 睡覺時間 "），
"hours"）

## 要訣 3：向靈魂提問

日記的主要內容，是以回答問題為基礎。用五個問題，引導自己打破慣性束縛的框架，訓練大腦重新思考一些重要的事情。這個簡單的方法，

總是讓我對接下來的一天，感到平靜、專注和樂觀。

### 問題 1：如果這是我生命的最後一週，我會如何生活？

直視死亡，才能時刻活出生命。如果你知道一個星期內會死去，那會帶來什麼改變？優先順序會有什麼變化？花點時間觀察自認為必要的事物，是否還是一樣重要。我們永遠都不知道意外與明天，是哪一個先來，這個問題能提醒我們把握當下時光，珍惜身邊的人，別等到失去才懂。

### 問題 2：今日的待辦事項，都是重要或必需做的嗎？

審慎檢視每件待辦任務的重要與必要性，有意識的分配精力和時間資源。這樣才能讓自己在一年之後，更接近理想中的樣子。

### 問題 3：我今天最感謝的是？

開始感謝之後，會發現自己對於生活更滿足，心靈也快樂許多。盡量不要重複去感謝同一個人或事件。練習慢下腳步，細想一整天所發生的美好，讓自己更有溫度的與這個世界交流。

### 問題 4：我今天生活有什麼弱點？可以怎麼做得更好？

若想要持續進步，刻意練習自己還沒上手的部分，是最基本的功夫。這個過程並不輕鬆，只有付出努力和汗水，才能扎實的前進。不過，要發現自己的弱點並不容易，你也可以詢問別人，以突破當局者迷的盲點。

### 問題 5：我今天覺得興奮或值得慶祝的事？

每天都有各種幸福或成功的時刻。用心去尋找，並把它們記錄下來，為自己掌聲慶祝。一段時間之後，你會覺得自己怎麼這麼棒，自信也隨著

提升，持續成為更好的人。

　　每日日記是為自己保留一段十分鐘的精華，向內追求快樂與尋找生命的意義，探索這個人生最古老的課題。你可以把它設計成「待辦清單」資料庫中的模板，作為開啟美好一天的儀式，慢慢養成寫日記習慣。或是結合「習慣養成」資料庫，一起紀錄每天的狀態、睡眠、問答和習慣執行成果，並與「每週省思」資料庫關聯，方便在接下來的回顧時，能一次檢視所有產出與產能的面向。

**待辦清單日記模板 (一般頁面)**

## 我今天覺得如何？

💡 分數：

💡 原因：

### 睡眠時間紀錄

| 📅 睡覺時間 | 📅 起床時間 | Σ 總睡眠時間 |
| --- | --- | --- |
| Yesterday 10:30 PM | Today 6:00 AM | 7 |

+ New

## 早晨日記

1. 如果這是我生命的最後一週，我會如何生活？

    💡 Type something...

2. 今日的待辦事項，都是重要或必需做的嗎？

    ☐ To-do

3. 我今天最感謝的是？(避免重複寫下之前已經寫過的事情)

    💡 Type something...

## 晚間日記

1. 我今天生活有什麼弱點？可以怎麼做得更好？

   💡 Type something...

2. 我今天覺得興奮或值得慶祝的事？

   💡 Type something...

融合每日日記與習慣養成 (資料庫)

---

# 每週省思

「每週省思」是夢想家的最後一個環節，更是維持整個系統能良好運作的最重要新陳代謝機制。

大部份的人，容易忽視每週省思，認為自己對一週所發生的事情，有十足的把握。但是，你無法預先將點點滴滴串聯起來，只有在每週回顧時，

你才會明白，那些點點滴滴是如何串聯在一起的。你的待辦清單上可能有一百多個單點事項，同時進行的人生專案起碼有十個支線，年初寫下的目標還有兩個面向尚未達成。如果沒有每週的檢視與省思，你就無法成功將這些點、線、和面串聯起來。

　　每週省思就像是讓自己一週去做一次 SPA，全然地放鬆，消除身體疲倦和心靈中的混亂。放首以鳥叫和流水所編織成的自然音樂，點上你最喜歡的木質調蠟燭，讓每週省思引導著你，全面檢視產出與產能間的平衡。

　　也許，一開始的療程會比較久。你會需要回顧過去，練習觀察心中的想法。你也需要規畫未來，揣摩人生到底想扮演什麼角色。你還需要為自己和這個系統大掃除，釋放累積已久的壓力與混亂。若你每週都準時報到，SPA 療程的時間就會越縮越短，但你產出與產能恢復的速度，卻會越來越快。

　　接下來，我們會運用到大量的建立連結資料庫、關聯關係與匯總功能，一次統整待辦清單、習慣養成、專案管理、學習儲思盆和知識聚寶盆資料庫的內容，利用一週一次的 SPA 時間，為自己加分充電，以更好的自己，迎接下週挑戰。

　　完整的每週省思，可參考以下設計：

## 一、回顧過去

▶ 習慣養成數據
▶ 每週待辦事項
▶ 每週專案進度

## 二、反思

▶ 每日日記

♥ 低潮與掙扎：

♥ 成功與開心：

♥ 我這週學到了什麼：

♥ 我想改進：

## 三、展望未來

▶ 角色與目標
▶ 專案管理
▶ 待辦事項

## 四、大掃除

**1. 資料建檔**

☐ 學習儲思盆
☐ 知識聚寶盆
☐ 待辦清單

**2. 更新系統**

☐ 學習儲思盆
☐ 知識聚寶盆
☐ A-HA靈感池

**3. 清理不需要的資料**

☐ 整理Notion過期資料
☐ 清空Email
☐ 清空電腦桌面 & 垃圾桶
☐ 繳帳單

# SPA 療程 1：回顧過去

　　回顧的重點在於，檢視上週習慣養成、專案管理和待辦事項資料庫的所有進度。可能有些任務未完成，或是哪一個習慣的執行率很差。這很正常，多以好奇心問自己，沒有完成的原因為何？這重要嗎？如果不完成，會怎樣？

　　若想要快速了解上週的習慣達標率、平均睡眠時間、和每天的心情分數，那你可利用關聯關係功能，將「每週省思」與對應日期的「習慣養成」

紀錄關聯起來。比方說，你會將 2022 年 1 月 2 號至 1 月 8 號的習慣養成紀錄，與第一週的每週省思做關聯，接著再以匯總功能，顯示相關資訊。

在檢視專案管理和待辦事項資料庫時，你可以運用建立連結資料庫的功能，為「待辦清單」和「專案管理」建立分身，再依照時間區間設定篩選條件，就能輕鬆回顧一週所發生的大小事。

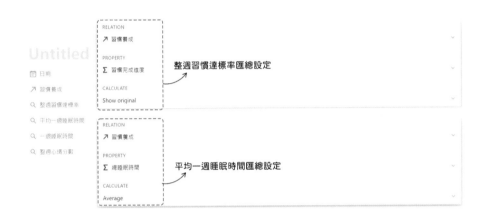

## SPA 療程 2：反思

回顧過去著重於產出的檢視，而反思，則是關注你的產能。你可以在每週省思頁面的第二區塊：反思，先建立一個「習慣養成」的連結資料庫，細心閱讀該週日記所寫下的感恩、開心與反省。想想看，有什麼事情，一直困擾著自己？對於什麼事情仍然執著，常常引起負面的情緒？不必急著評論，也不必逼自己馬上走過這些不開心。只需要觀察，然後紀錄下來就可以了。光是能做到覺察，就能對自己有更深一層的認識。

當然，針對那些你已經想通的部分，便將它們寫在下方的標註方框內。慶祝自己的成功與開心，紀錄所學到的新知識。也反省自己的不足，思考

要如何做的更好，並在接下來的展望未來區塊，立刻行動。

## SPA 療程 3：展望未來

對人講效用，對事講效率。若沒有考慮夢想目標，沒有看看生活中的不同角色平衡，就開始設定待辦事項，很容易在工作上過度投資，但對關係上的投入則相形見絀，因而失去人生的快樂。因此，在規劃下週的待辦清單時，建議要同時從「角色」與「專案」這兩個角度去思索，這樣才不會把效率用錯在關係這顆玻璃球上。

在每週省思頁面的第三區塊：展望未來，你可以先建立一個內嵌式的看板（Board database - Inline），將自己認為重要的角色，設立成上方標籤。除了個人以外，可能是父母、兒女、男女朋友、學生或職員……凡是你願意定期投入時間和精力的角色，都可以納入其中。再來，為每個角色訂定未來一週想達成的二到三個重要成果，寫在該角色下方，而這些短期成果至少要有一部分與你的年度夢想有關。最後，再將這些內容，轉換成實際行動，填寫到下週的待辦事項資料庫中。

想要從專案視角來排定待辦任務時，你可以在下方建立一個「待辦清單」的看板分身，並篩選出下週的日期。然後將「日期」作為主要分類，

所關聯的「專案」做為次要分類。記得來回確認一下,目前正在執行的專案中,是否都有一個或以上的下一步任務。這樣才能有效發揮專案承上啟下的作用,也代表著每個專案,都有不斷地在往前推進。

## SPA 療程 4:大掃除

一個系統要維持良好的運作,需要有好的新陳代謝機制。趁每週省思的時候,依循第四區塊:大掃除的指引,幫自己和系統大掃除一番。

● **將重要資料建檔進 Notion 夢想家系統**

想建立一個能持續使用的人生管理系統,就要把 100% 的內容都輸入進系統中。不然你辛苦建置的強大系統,過不久便會東少一個零件,西缺一顆螺絲,而無法持續運轉下去。

將平常瀏覽社群媒體時,他人推薦的好書截圖,趁這個時間,一次輸入到學習儲思盆裡。把他人所分享的不錯新觀念,補充至知識聚寶盆內。若因此有什麼新靈感或行動,就直接寫進待辦清單中。

- 更新系統資料

更新，就像是為系統仔細地抹上潤滑油，讓它運轉得更順利持久。在學習儲思盆中，有沒有哪些書已看完，但忘了更新進度標籤？能不能將最新學到的知識，修改或建立成一個模板，馬上把所學融入到生活中？瀏覽一下待辦事項中的 A-HA 靈感池，為那些靈機一動的想法安排行動時間。

- 清理不需要的資料

從內在心靈到外在環境都打掃一番。把系統中已經過時的資料，放進專屬目錄底下收藏、清空電腦桌面和 Email、支付該週收到的帳單、以及打掃生活環境⋯⋯，甩掉多餘的肥肉，才能輕盈地運作下去。

加分回饋循環讓我們遇見更深層的自己。除了財富、權力、名聲等成功的產出之外，不要忘記持續地往內在探索，撥開層層偽裝，才能了解最真實自己，找到心靈與產能的平靜。如此，你會看見不一樣的風景，活出有意義的人生。

現在，你的夢想豪宅已完工，可以一起開香檳慶祝了！不過等一下，這一切只是開始。人生有很多問題既複雜又困難，我不敢保證 Notion 夢想家系統可以提供簡單的解答。畢竟每個人的人生都不同，你也必須自己努力去找答案。入住之後，絕對要適時地根據不同的人生階段，微調裝潢或動線，添置一些新的小功具、或斷捨離已用不到的設計，這樣房子才跟得上你的腳步，能一起相互成長，成為人生旅途中的必需品。

在還沒使用這個系統前，我只知道，人生的路只要好好走，就沒有白走的，將生活分散記錄在不同地方，也沒有什麼不好。不過，當我利用這個夢想家系統來管理人生之後，能有效聚焦在更高層次上，激發對生命旅程價值的思考，也看到了生活與職涯的多種可能性。

# 後記

　　我內心深處有股渴望——不，還是稱它為幻想吧——希望能幫助更多人，提升工作效率，優雅生活。

　　每次一談到要如何更簡約且出色的完成一件事，我就像是被點亮的燈泡一樣。相信只要善用工具的力量，將需要重複執行的事情自動化，或是簡化至最少步驟。這樣，我們才能解放雙手，去嘗試更進階有趣的內容，讓自己和工作能力都不斷地成長。公司人資長還力邀我與集團同仁，分享這個高效高品質的工作秘訣。

　　Notion 是唯一能將這些秘訣，發揮到最極致的工具。但是，若要做到看起來毫不費力的程度，絕對都曾在私底下超級努力過。我永遠記得，剛開始自學 Notion 時那種鬼打牆的痛苦。原以為它能幫我大幅提升效率，沒想到卻因為功能太複雜，需要花上大把的時間研究，還常迷失於各種絢麗的技巧中，根本就是個時間大黑洞。工作效率不升反降，生活也被搞得很複雜。

經歷過多次的放棄、重新研究、大吼著再放棄、認真熬夜重建，我終於開始掌握使用 Notion 的訣竅。一步步建立起能幫助自己解決問題、養成好習慣，以及提高視野的 Notion 人生管理系統。這些，我都毫無保留的寫在書中與你分享，希望你不用像我一樣走過這麼多痛苦的道路，就能學會使用 Notion 的美好。

單要學會 Notion 的功能不難，但要怎麼將它們綜合起來，變成能幫助自己提升工作效率和生活品質的得力助手，卻需要融入大量的知識和人生智慧。在書中，我們介紹了多種 Notion 的個人應用情境，像是：

- 工作：會議記錄、待辦清單、團隊工作頁
- 生活興趣：旅行規劃、健身菜單與紀錄、採買清單、食譜大全、電影主題牆、婚禮規劃專案
- 個人成長：履歷表、子彈筆記、股票投資、記帳、個人部落格、學習筆記、寫作模板

當然，還有一套集大成的「夢想家人生管理系統」。如果你想要了解更多 Notion 的應用，或不確定該從哪下手，都可以利用下列聯絡方式和我打個招呼，開始討論：

- 網站：https：//nomadni.com
- IG：https：//www.instagram.com/nomadni2020/
- Email：nomadni2020@gmail.com

除了個人使用之外，你還能將 Notion 運用在團隊和公司管理上，全面發揮它的協同編輯威力。建議你可以到 Notion 的官方模板逛逛，看看其他使用者的新策略，是怎麼應用在新創公司、非營利組織、學生生活、或各種不同的職位上。你也可以上去投稿，分享自己的技巧。

Notion 官方模板：

https：//www.notion.so/Notion-Template-Gallery-181e961aeb5c4ee6915307c0dfd5156d

感謝各位能一路閱讀到這裡。

坦白説，我並非職業作家。在寫書的過程中，艱辛程度遠超出我的想像。同樣是從 0 到 1，為了寫這本書，可比我當初共同創立品牌電商時，還失眠了更多晚。我也敢説，這絕對比我為眾多公司 CEO 提供顧問諮詢服務時，投入了更多心思與精力。謝謝芯葳和高寶出版社團隊，讓我的幻想變成實際。透過他們的巧手，能將這些 Notion 教學和高效高品質的秘訣，變成精采好讀的內容。也敬所有作者與編輯，謝謝你們的作品，讓這個世界變得更多彩豐富。

我是個掃地機器人的推崇者。但在寫書的這段期間，可説是我這輩子，最愛手動掃地的時候。打掃，能讓我暫時抽離寫不出來的焦慮，找到稍微喘息的機會。書中很多的人生故事，可都是在掃地期間所找到的靈感。但我更要謝謝試閱者們——在完稿前讀完這本書，並給我建議的好友。冠霆、璽瑋、沛璇、冠瑩和秋儀，謝謝你們有建設性的批評和支持，讓這本書大大地不同。

最後，不論你的目標是求取人生平衡，在工作中成長茁壯，或是過得從容自在，我相信，利用 Notion 加上這些效率秘訣，必能為你熱愛的事，創造更多時間和專注，成為那個連自己都會愛上的人。

敬你的 Notion 和美好人生！

本書使用模版下載：

PART 2　　　　PART 3

## 參考資料

- Notion Web Clipper for Chrome, Safari, Firefox, and mobile：
  https://www.notion.so/web-clipper
- Indify – Notion Widgets：https://indify.co/
- Work Super Smart - Automate.io：https://automate.io/
- Zapier | The easiest way to automate your work：https://zapier.com/
- 《帕金森定律：對於進度的追求》西里爾‧諾斯古德‧帕金森
- 《 間歇高效率的番茄工作法：25 分鐘，打造成功的最小單位，幫你杜絕分心、提升拚勁》法蘭西斯科‧西里洛
- 《時間管理：先吃掉那隻青蛙》博恩‧崔西

**高寶書版集團**
gobooks.com.tw

新視野 New Window 236
**Notion 人生管理術：從 0 開始，打造專屬自己的 All in One 高效數位系統**

作　　者　牧羊妮
主　　編　吳珮旻
編　　輯　賴芯葳
美術編輯　林政嘉
版型設計　黃馨儀
排　　版　賴姵均
企　　畫　何嘉雯

發 行 人　朱凱蕾
出　　版　英屬維京群島商高寶國際有限公司台灣分公司
　　　　　Global Group Holdings, Ltd.
地　　址　台北市內湖區洲子街 88 號 3 樓
網　　址　gobooks.com.tw
電　　話　(02) 27992788
電　　郵　readers@gobooks.com.tw（讀者服務部）
傳　　真　出版部　(02) 27990909　行銷部 (02) 27993088
郵政劃撥　19394552
戶　　名　英屬維京群島商高寶國際有限公司台灣分公司
發　　行　英屬維京群島商高寶國際有限公司台灣分公司
初版日期　2022 年 1 月

國家圖書館出版品預行編目（CIP）資料

Notion 人生管理術 / 牧羊妮作 . -- 初版 . -- 臺北
市 : 英屬維京群島商高寶國際有限公司臺灣分公司,
2022.01
　　面；　公分 . --（新視野 236）

ISBN 978-986-506-306-1（平裝）

1. 套裝軟體

312.49　　　　　　　　　　　110020057